地区电网继电保护实用技术

（第二版）

成云云　陈维军　贾　超　王玥婷　编

中国电力出版社
CHINA ELECTRIC POWER PRESS

内 容 提 要

为便于广大继电保护专业技术人员在短时间内了解并掌握继电保护整定运行知识，提高继电保护整定运行专业人员的技术水平，编者结合多年的培训经验，于 2012 年出版了本书的第一版。近几年配电网发生了很大的变化，相关规程规范也已进行了修订，在此基础上，编者对本书第一版内容进行了修订，形成第二版。

本书共分五章，第一章继电保护整定计算解析，重点叙述在整定计算工作中，对基本原则的正确理解及各注意事项；第二章继电保护运行，主要讨论继电保护运行规定和非正常方式下保护运行的注意事项，以及电网主要设备元件保护的范围和动作分析，对部分保护压板进行说明；第三章继电保护应用专题分析，对在工作中遇到的问题作为继电保护整定和运行的特例，进行专题分析；第四章电力网参数计算和管理，讲述了如何根据已知条件计算电力网参数；第五章列举了各种继电保护整定计算的应用实例。

本书可作为电力系统设计、运行、检修等单位从事继电保护专业的工程技术和管理人员的培训资料，也可供电力调度运行人员使用。

图书在版编目（CIP）数据

地区电网继电保护实用技术 / 成云云等编. —2 版. —北京：中国电力出版社，2020.7
ISBN 978-7-5198-4665-7

Ⅰ. ①地… Ⅱ. ①成… Ⅲ. ①地区电网–继电保护 Ⅳ. ①TM77

中国版本图书馆 CIP 数据核字（2020）第 080803 号

出版发行：中国电力出版社
地　　址：北京市东城区北京站西街 19 号（邮政编码 100005）
网　　址：http://www.cepp.sgcc.com.cn
责任编辑：翟巧珍（806636769@qq.com）
责任校对：黄 蓓 李 楠
装帧设计：赵姗姗
责任印制：石 雷

印　　刷：三河市百盛印装有限公司
版　　次：2012 年 8 月第一版　2020 年 7 月第二版
印　　次：2020 年 7 月北京第二次印刷
开　　本：710 毫米×980 毫米　16 开本
印　　张：12.75
字　　数：182 千字
印　　数：0001—2000 册
定　　价：50.00 元

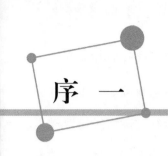

序 一

　　电力系统的不断发展和安全稳定运行给国民经济和社会发展带来了巨大的动力和效益。作为电网安全生产体系中的重要环节，继电保护在电力安全生产中起着重要的作用，继电保护可靠性、选择性、灵敏性、快速性的体现，在很大程度上取决于保护装置本身的可靠性及保护整定运行的合理性。多年来在一批批继电保护专业技术人员的不懈努力下，继电保护专业技术水平获得了很大的进步和发展，同时出现了许多富有理论、实践经验的专家和技术人员，正是通过他们卓有成效的工作，继电保护的技术水平和运行管理水平得到不断提高和完善，充分实现继电保护保障电网安全稳定运行的作用。

　　继电保护任何不正确的动作都将造成或扩大事故，有时甚至会加重电气主设备损坏程度或造成大面积停电和电力系统瓦解的重大事故。随着电力系统的快速发展和全国联网的逐步形成，继电保护技术及其装置应用水平也不断提高，同时对继电保护的要求也越来越高，继电保护正确、合理的整定运行是提高其应用水平和保证其正确动作的关键环节。所以，加强继电保护技术监督、不断提高继电保护技术及其装置运行管理水平，是电力企业的重要工作。

本书作者以高度的事业心和责任感，运用丰富的实践经验和充实的专业理论，阐述了继电保护整定计算和运行的要点及注意事项。在本书的编写过程中以实际应用为主线，充分结合了继电保护运行实际情况，对继电保护整定计算和运行具有较高的实用参考价值，也有助于广大继电保护专业技术人员在短时间内了解和掌握继电保护整定运行知识。

希望继电保护专业人员继续发扬刻苦钻研、认真负责、爱岗敬业的精神，随着科技不断进步、电网不断发展，与时俱进，扎实工作，不断提高和完善继电保护技术管理和运行管理工作，以保障电网的安全稳定运行。

邱夕兆

2020 年 5 月

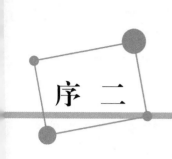

序 二

继电保护是电力系统自动化的重要组成部分，是保证电力系统安全稳定运行和电气设备安全的重要措施。随着我国电力系统向高电压、大机组、现代化大电网的发展，对继电保护提出了更高的要求。电力系统安全稳定运行依赖于继电保护的正确动作，而继电保护的配置、整定及运行管理，是关系到继电保护装置能否正确动作的至关重要的环节，要求从事该项工作的人员具有较高的专业技术水平。

继电保护工作类别多种多样，诸如设计、制造、调试、安装、运行等。多年实践证明，继电保护装置正确动作率的高低，除了装置质量因素外，很大程度上还取决于设计、安装、调试、整定和运行维护人员的技术水平和敬业精神。作者总结归纳了十多年的工作经验，对继电保护的配置、整定及运行等各注意事项进行了详细说明，列举各种特殊情况的实例以帮助加强理解；以系统的视点，简要讲述电网主要元件保护的范围及动作分析，便于运行人员和保护调试人员加深对保护整体概念的理解；以在工作中遇到的问题作为继电保护整定和运行的特例，并进行专题分析。本书作者以其丰富的实践经验和充实的专业理论知识，广泛讨论继电保护整定计算技术问题和整定计算时易出错而应注意的问题，避免初学者由于对规程规定理解上的偏差而造成错误。作者在第五章列举了各种继电保护应用实例，便于读者在使用过程中参考。

《地区电网继电保护实用技术（第二版）》内容翔实，结合地区电网继电保护岗位实际，以解决实际问题为目的，撰写内容突出针对性、实用性，不失为一本既适用于提高继电保护专业人员整定运行技术水平，同时又适用广大电气技术人员在短时间内了解和掌握继电保护整定运行知识的专业参考书。

黄德斌

2020 年 5 月

前　言

电力系统安全稳定运行依赖于继电保护的正确动作，而继电保护的配置、整定及运行管理，是关系到继电保护装置能否正确动作的至关重要的环节。

在电网建设的各项工程中，遇到各种各样的新问题，每解决一个问题，就会有一些收获。本书对继电保护的配置、整定及运行等各注意事项进行了详细说明；列举了各种继电保护整定计算应用实例，便于读者在使用过程中参考；以在工作中遇到的问题作为继电保护整定和运行的特例，并进行专题分析。本书以解决实际问题为宗旨，各种保护的常规作法在此没有赘述。本书旨在教授初学者一个思考问题的方法，解决新问题的思路，从全网的角度去考虑继电保护之间以及与自动装置之间的关系。随着电网的发展、新技术的应用，整定计算的理论与应用也在不断发展，在面临新问题时，应以保证电力系统的安全稳定运行为根本，以规程规范为依据，在原有理论体系上创新发展，新问题才能得到妥善解决。

2012 年出版了本书的第一版。由于近几年配电网发生了很大的变化，变电站 10kV 线路由电网的最末一级，变为配电网的源端，10kV 线路保护的整定原则随之发生了变化，同时 Q/GDW 1161—2014《线路保护及辅助装置标准化设计规范》、Q/GDW 1175—2013《变压器、高压并联电抗器和母线保护及辅助装置标准化设计规范》、Q/GDW 10766—2015《10kV～110（66）kV 线路保护及辅助装置标准化设计规范》、Q/GDW 10767—2015《10kV～110（66）kV 元件保护及辅助装置标准化设计规范》等规程，对保护装置进行了标准化规范，所以对本书第一版进行修订。

本书第二版不仅依据这些新版规程规范对相关内容进行了修订，同时补充了 10kV 线路上配电网开关运行整定的内容。第二版编写人员有成云云、陈维军、贾超、王玥婷。

由于水平有限，书中难免存有不妥之处，敬请各位读者及同仁批评指正。

编　者
2020 年 4 月

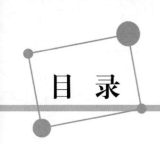

目 录

第一章

继电保护整定计算解析

电力系统继电保护的基本任务：① 当被保护的电力系统元件发生故障时，应该由元件的保护装置迅速准确地给距离故障元件最近的断路器发出跳闸命令，使故障元件及时从电力系统中隔离，以最大限度地减少对电力系统元件本身的损害，降低对电力系统安全供电的影响，并满足电力系统的某些特定要求。② 反映电气设备的不正常工作状态，并根据不正常工作情况和设备运行维护条件的不同发出信号，以便值班运行人员进行处理，或由装置自动地进行调整，或将那些继续运行而会引起事故的电气设备予以切除。反映不正常工作情况的继电保护装置容许带一定的延时动作。

继电保护是建立在电力系统基础之上的，它的构成原则和作用必须符合电力系统的内在规律。同时，继电保护自身在电力系统中也构成一个有严密配合关系的整体，从而形成了继电保护的系统性。继电保护要达到消除事故，保证电力系统安全稳定运行的目的，需要做多方面的工作，其中包括设计、安装、整定、调试及运行维护等一系列环节。继电保护是一个系统工程，其中整定运行是极其重要的一部分。

本章重点叙述在整定计算工作中，对继电保护整定计算基本原则的正确理解及注意事项，并结合电网实际，阐述对规程规范灵活运用及处理问题的思路与技巧。

第一节 基 本 知 识

继电保护整定计算是对给出的电力系统运行方式，进行分析、计算，在满足继电保护"四性"（可靠性、选择性、灵敏性和速动性）的要求基础上，确定保护配置、给出保护定值和运行使用要求，并及时协调保护与电力系统运行方式的配合。继电保护整定计算以规程规范为依据，以保证电力系统的安全、稳定运行为根本，根据保护装置的原理、实现方式、电网结构及电力系统运行方式，选择具体的保护整定方案。随着电网的发展、新技术的应用，整定计算的理论与应用也在不断发展。继电保护整定计算是继电保护系统中一项非常重要的环节，正确、合理地进行整定计算才能使系统中的各种保护装置和谐地工作，发挥正确的作用。

一、整定计算的基本任务

（1）收集必要的参数与资料（保护图纸、设备参数等），建立电力系统设备参数表。

（2）计算保护定值，编制定值通知单与使用方式，对不满足系统要求的（如选择性、灵敏性、速动性等）保护方式，提出改进方案。

（3）编制系统保护整定方案，着重说明整定原则问题，整定结果评价，存在的问题及采取的对策等。

（4）根据整定方案，编制系统保护运行规程。

（5）处理日常电网运行的保护问题。

（6）进行系统保护的动作统计与分析，做出专题分析报告。

（7）协调继电保护定值分级管理，向下级下达分界点保护定值与系统参数。

（8）参与系统发展规划、设计的审查。

二、整定计算的特点

（1）继电保护整定计算是决定整个继电保护系统正确运行的关键，它直接关系到保证电力系统安全和对重要用户连续供电的问题，要统筹考虑保护装置所处的电网位置及各级电网的协调配合，因此要求有全局的观点。

（2）继电保护整定计算要统筹考虑电网结构、负荷情况以及一次设备的参数及性能，因此要求有全面的观点。

（3）由于整定计算人员工作经历的差异、执行整定计算有关规程规范掌握的尺度不同以及各地的要求不同等，使得整定计算的结果是不唯一的。整定计算不是对规程规范的生搬硬套，而是结合电网实际，对规程规范的灵活运用。

（4）随着电网的发展、新技术的应用，继电保护整定计算理论与应用也在不断发展。在面临新问题时，应以规程规范为依据，以保证电力系统的安全稳定运行为根本，在原有理论体系上创新发展，妥善解决新问题。

三、整定计算的基本要求

电力系统对作用于动作跳闸的继电保护系统的基本要求：可靠性、选择性、灵敏性、速动性，这"四性"是相辅相成、互相制约的。在某些情况下，当"四性"的要求有矛盾而不能兼顾时，应有所侧重，片面强调某一项要求，将会出现保护复杂化、影响经济指标及不利于运行维护等弊病。整定计算尤其需要处理好"四性"的协调关系。

（1）可靠性。可靠性是指在继电保护装置规定的保护范围内，发生了应该动作的故障时它不应该拒绝动作；而在任何该保护不应该动作的情况，则不应该误动作。也就是"保护该动作时应动作，不该动作时不动作"，前者称"可信赖性"，后者称"安全性"。保护装置的拒动率越低，其可信赖性越高；而误动率越低，其安全性越高。保护装置的误动是造成正常情况下停电、事故情况下扩大事故的直接根源，因此必须避免。保护装置的拒动会造成越级跳闸，使事故扩大，目前电网情况下更应该避免。

可靠性是电力系统对继电保护最基本的性能要求，为了保证继电保护的可靠性，应注意以下七点：

1）采用元件及工艺质量优良的保护装置；

2）保护设计合理，保护的逻辑环节要尽可能少；

3）保护装置的配置要合理；

4）安装质量符合要求，调试正确，加强定期校验；

5）保护整定方案优良，保护定值整定正确；

6）对误动后果严重的保护装置，应加装闭锁，如母差保护中的电压闭锁，对重要环节加装监视信号；

7）加强运行维护，保护运行要求明确。

（2）选择性。当电力系统中某一部分发生故障时，继电保护装置动作仅将故障元件从电力系统中切除，使停电范围尽量缩小，以保证系统中的无故障部分仍能继续安全运行，这就是选择性。

如图 1-1 所示，当 k 点发生故障时，距故障点最近的断路器 QF1、QF2 断开，其余部分继续运行；当断路器 QF2 因故不能断开（拒动）时，由断路器 QF4 断开，这些都是选择性。如果断路器 QF4 先断开或断路器 QF2、QF4 同时断开就是无选择性。

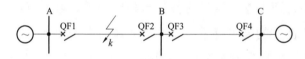

图 1-1　电网故障示意图

实现选择性必须满足两个条件：一是相邻的上下级保护在时限上有配合；二是相邻的上下级保护在保护范围上有配合。综合来说，就是从故障点向电源方面的各级保护，其灵敏度逐级降低，其动作时限逐级增长。

时限配合：上一级保护时限比下一级保护时限要大，时限差即为时限级差。此时限级差视不同的配合情况选取不同的数值，一般情况下，高精度时间元件的保护之间相互配合的级差采用 0.3s；与变压器差动及瓦斯保护、纵联保护、横差保护等之间配合的级差采用 0.4s，定时限与反时限保护配合的级差采用 0.5s。

保护范围配合：也叫灵敏度配合。保护装置对被保护对象的故障反应有一定的范围，上一级保护的保护范围应比下一级相应段保护范围为短，即在下一级保护范围末端故障时，仅该级保护动作，上一级保护不动作。

选择性是继电保护中的一个很重要的问题，一般不允许无选择性产生。实际上不可能要求在所有情况下有完全选择性，当为了满足整体的某种需要时，才在预定点安排无选择性，但是这种无选择应尽可能选在发生可能性小的地方以及影响小的地点。这就需要根据实际情况灵活处理，在规程允许的情况下合理取舍，按照不同的电网情况与继电保护的配置，对选择性的整定作出某些必要的措施，如以下情况应采取的措施：

1）接入供电变压器的终端线路，无论是一台或多台变压器并列运行（包括多处 T 接供电变压器或供电线路），都允许线路侧的速动段保护按躲开变压器其他母线故障整定，采用重合闸补救的方法。需要时，线路速动段保护可经一短时限动作。

2）对串联供电线路，如果按逐级配合的原则将过分延长电源侧保护的动作时间，则可将容量较小的某些中间变电站按 T 接变电站或不配合点处理，以减少配合的级数，缩短动作时间。

3）双回线内部保护的配合确有困难时，允许双回线中一回线故障时，两回线的延时保护段间有不配合的情况。

4）在构成环网运行的线路中，允许设置预定的一个解列点或一回解列线路。

（3）灵敏性。灵敏性是指保护装置对被保护电气设备可能发生的故障和不正常运行状态的反应能力，习惯上常叫灵敏度。灵敏性用灵敏系数来衡量。灵敏系数指在被保护对象的某一指定点（通常指被保护对象的末端）发生金属性短路，故障量值与整定值之比（反映故障参量上升的，如过电流保护）或整定值与故障量值之比（反映故障参量下降的，如低电压保护）。灵敏度分为主保护灵敏度（对被保护对象）和后备保护灵敏度（对被保护对象相邻的设备）。

校验灵敏度，应选择正常（含正常检修）运行方式中不利的方式和不利的故障类型（一般仅考虑金属性短路和接地故障）计算，要求灵敏系数不能低于规定值。对各种保护灵敏系数的规定，详见 GB/T 14285—2006《继电保护和安全自动装置技术规程》。

选择计算灵敏系数的运行方式是至关重要的，选择恰当与否直接影响对保护效果的评价。在复杂的电网中，计算最小运行方式有时是很复杂的，一般选择常见的不利运行方式校验保护各段灵敏度；对于某些少数运行方式，则由后备保护段保护，或采用临时改变定值的办法提高灵敏度。

校验灵敏度应注意的七个问题：

1）选择短路电流较小的短路类型，例如，零序电流灵敏度要以单相接地与两相接地进行比较；相电流灵敏度以两相短路来校验。

2）选择可能出现的最小运行方式，重点在于检验保护反应灵敏度最低的那种方式。

3）在机端出口附近短路时，保护动作时限长的，校验灵敏度时，要考虑衰减。

4）经Y/△接线变压器之后的不对称短路，各相中电流、电压的分布将发生变化，接于不同相别、不同相数的保护装置反应灵敏度则不同。

例如：YNd11 接线变压器△侧 AB 相短路时，Y侧电流电压的分布为：

a. Y侧各相电流的分布规律是两故障相中的滞后相电流最大，数值上为△侧故障相电流的 $2/\sqrt{3}$ 倍，其他两相电流大小相等、方向相同，数值上为△侧故障相电流的 $1/\sqrt{3}$ 倍。

b. Y侧各相电压的情况是两故障相中的滞后相电压为零，另两相电压总是相等。

5）两侧电源及环状网路中的相继动作可能提高或降低灵敏度。如图 1-2 所示，当 k 点故障，断路器 QF1 先跳开后，断路器 QF2 保护 2 的相间电流保护灵敏度提高。

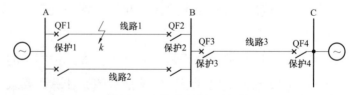

图 1-2　线路故障示意图

6）在一套保护中有几个元件时，其各元件灵敏度要求是不同的，其中灵敏度最低的代表该套保护的灵敏度。

7）考虑保护动作过程中灵敏度的变化，在保护动作的全过程中，灵敏度均需满足规定的要求。例如，母差失灵启动元件，应分别校验母联开关跳开前后的灵敏度。

（4）速动性。继电保护速动性是指继电保护应以允许的可能最快速度动作于断路器跳闸，以断开故障或中止异常状态的发展。短路故障引起电流的增大、电压的降低，保护装置快速地断开故障，有利于减轻故障设备和线路的损坏程度，提高线路自动重合闸和备用电源自动投入的效果，创造尽快恢复负荷的条件。快速切除线路与母线短路的故障还是提高电力系统暂态稳定的最重要手段。

为了提高速动性，可采取以下措施：

1）配置快速保护；

2）可通过合理地缩小动作时间级差来提高快速性；

3）正确地采用先无选择性跳闸、后用重合闸补救相结合的措施（如线路变压器组），或备用电源自动投入的方式。必要时，为保证电网安全和重要用户供电，可设置适当的解列点，以便缩短故障切除时间。

（5）合理解决"四性"的矛盾。继电保护"四性"是相辅相成、互相制约的，"四性"的统一在整定计算中非常重要，在制订继电保护整定方案中常常很难同时满足四个基本要求，整定计算工作很重要的一部分就是对"四性"进行统一协调。

1）可靠性与选择性、灵敏性、速动性存在矛盾。例如，保护装置的环节越少、回路越简单，可靠性越高，但简单的保护很难满足选择性、快速性、灵敏性的要求。可靠性与选择性和灵敏性又是相辅相成的，为了提高可靠性，防止继电保护或断路器拒动的可能性，就需要设置后备保护，保护设备的主保护和后备保护之间以及各后备保护之间就存在灵敏系数的相互配合的问题，只有正确地计算保护整定值和校验其灵敏系数，才能使得各继电保护的动作具有选择性。

2）选择性与灵敏性存在矛盾。例如，对于电流保护，提高整定值可以保证选择性，降低整定值才能保证灵敏性，尤其是大、小运行方式相差较大时，很难同时满足两者的要求。

3）选择性与速动性存在矛盾。时间越长越容易保证选择性，但无法满足速动性的要求。例如，对联系不强的电网，在保证继电保护可靠动作的前提下，应防止继电保护装置的非选择性动作；对于联系紧密的电网，应保证继电保护装置的可靠快速动作。

对于四性的矛盾，要具体分析电网的实际情况进行合理地取舍，总的原则：① 局部电网服从整个电网；② 下一级电网服从上一级电网；③ 保护电力设备安全；④ 保障重要用户供电。

第二节　整定计算应注意的相关问题

电力系统中的各个元件组成一个有联系的整体，各级的每套保护是按其作用进行统一部署的，片面、孤立地整定一种（或一套）保护，会影响保护充分发挥作用，甚至造成错误。尤其是电力系统的容量日益增大，电压增高，网络结构趋于复杂，稳定性要求高，保护也随之种类繁多，因此保护的整定配合要求也愈加严格。

一、整定计算配合原则的应用分析

电网继电保护的整定运行，应以保证电网全局的安全稳定运行为根本目标。继电保护的整定应满足可靠性、速动性、选择性和灵敏性的要求，在四者均满足要求的条件下，尽可能使整定方案满足各种特殊运行方式；如果由于电网运行方式、装置性能等原因，不能兼顾速动性、选择性和灵敏性要求时，应在整定计算时合理地进行取舍。

（1）上一级保护与下一级所有的相邻保护均需配合，当与几条相邻线路配合整定而各配合定值不相同时，则应选取其中灵敏度最低、时间最长的作为选用的定值。根据计算结果，灵敏度和时间可能取自于同一条线路的配合定值，也可能分别取自于不同线路的配合定值。

（2）整套保护中各元件灵敏度的整定配合问题。由几个电气量组成的一套保护，其中各元件的作用不同，灵敏度要求也不相同。其中作为主要元件的要求保证选择性和灵敏性，而作为辅助元件的则只要求有足够的灵敏性，并不要求选择性。在整定配合上，要求辅助元件的灵敏度要高于主要元件的灵敏度，对于与主要元件原理不同的辅助元件，一定要校验其灵敏度。例如，经电压闭锁的电流保护，对电流保护而言，当运行方式为小运行方式时，其保护范围减小；对于电压保护而言，当运行方式为大运行方式时，其保护范围减小。当电压元件是闭锁元件时，应保证无论是在小运行方式下还是在大运行方式下，电压元件的灵敏度均应高于电流元件。

辅助元件在保护构成中，按作用分为以下四种：

1）方向判别元件。为了保护的选择性而装设的，如方向过电流保护中的方向元件。

2）闭锁元件。为了防止在正常负荷下的误动而装设的，如母差保护中的电压闭锁元件。

3）启动元件。为了在故障情况下，将整套保护启动起来进行工作而装设的，如相电流突变量启动元件。

4）选相元件。对于装设分相断路器的高压输电线路，当发生故障后，准确、迅速地选择出故障相别，是继电保护正确动作的前提。

对由几个检测元件构成的整套保护装置，因为各个检测元件担任的任务不同，对它们灵敏度的要求也不同，一般应满足以下配合关系：

闭锁元件的灵敏度＞启动元件的灵敏度＞测量元件的灵敏度

对整套保护装置的灵敏系数，则应以各元件中最小的灵敏系数来代表。

（3）两侧有电源的保护，上、下级保护的配合一般是按保护正方向进行的，其方向性一般由保护方向特性或方向元件来保证。按保护的反方向进行配合而增大整定值的配合方法，一般是不可取的。

从提高保护的可靠性出发，对于电流保护中的某一段保护，如果它的整定值已能与反方向相应保护段配合时，应该取消方向元件对该保护段的控制。

（4）作为故障解列的保护，其选择性要求可以适当降低，主要从可靠解列出发。

（5）为提高速动性，降低动作时限，对运行条件允许的方式，可减少时限级差。如线路变压器组，用重合闸或备用电源自动投入装置补救的方法，使线路全线加速动作。

（6）不同类型保护的配合。在不同类型的保护间进行配合，基本原则仍然是上、下级间在灵敏度和动作时间上应取得配合，仅仅是灵敏度配合的计算方法不同。不同类型保护的灵敏度配合是通过计算保护范围来进行的。

如图 1–3 所示，首先计算出下级被配合的保护 3 的最小保护范围 $X_{3\min}$，然后计算出在此最小保护范围末端，即 k 点发生故障时上级保护 1 的故障量，再考虑配合系数和分支系数，使上级保护 1 躲过此故障量。对于变压器差动保护、线路纵联保护，其保护范围固定，不必再计算最小保护范围，而对于其他保护，应正确计算最小保护范围。特别是电流电压保护，如不能保证电压（或电流）保护的灵敏度高于电流（或电压）保护时，应分别计算电流、电压保护的最小保护范围。现在以距离保护与电流电压保护配合为例进行具体计算。

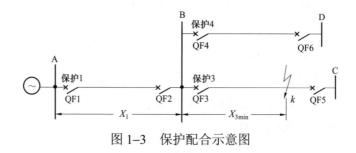

图 1–3　保护配合示意图

图 1–3 中保护 1 是距离保护；保护 3 是电流电压保护，其电流、电压定值分别是 I_{op3}、U_{op3}。

1）计算保护 3 电流元件最小保护范围。运行方式为小运行方式时，电流保护范围最小，因此应按小运行方式下发生两相短路计算

$$X_{3i\min*} = \frac{\sqrt{3}}{2} I_B / (I_{op3} \, n_{TA3}) - X_{s\min*} \qquad (1-1)$$

式中　　$X_{3i\min*}$——保护 3 电流元件最小保护范围阻抗标幺值；

　　　　I_B——该电压等级下的电流基准值；

　　　　I_{op3}——保护 3 电流元件整定值；

　　　　n_{TA3}——保护 3 的电流互感器变比；

　　　　$X_{s\min*}$——小运行方式下 B 母线系统阻抗标幺值。

　　2）计算保护 3 电压元件最小保护范围。运行方式为大运行方式时，电压保护范围最小，因此应按大运行方式下发生三相短路计算

$$U_{op3} \, n_{TV3} = U_B \, X_{3u\min*} / (X_{s\max*} + X_{3u\min*}) \qquad (1-2)$$

式中　　U_{op3}——保护 3 电压元件整定值；

　　　　n_{TV3}——保护 3 的电压互感器变比；

　　　　$X_{3u\min*}$——保护 3 电压元件最小保护范围阻抗标幺值；

　　　　U_B——电压基准值；

　　　　$X_{s\max*}$——大运行方式下 B 母线系统阻抗标幺值。

解方程求得最小保护范围 $X_{3u\min*}$。

$X_{3i\min*}$ 与 $X_{3u\min*}$ 中的小者为要求得的最小保护范围阻抗标幺值 $X_{3\min*}$。

　　3）计算保护 1 阻抗定值为

$$Z_{op1} = K_{rel} (X_1 + K_{zz} X_{3\min*} Z_B) n_{TA1} / n_{TV1} \qquad (1-3)$$

式中　　K_{rel}——可靠系数，相间距离一般取 0.8～0.85；

　　　　X_1——AB 母线间的线路的阻抗；

　　　　K_{zz}——助增系数；

　　　　Z_B——该电压等级下的阻抗基准值；

　　　　n_{TA1}——保护 1 的电流互感器变比；

　　　　n_{TV1}——保护 1 的电压互感器变比。

采用此方法进行配合的情况主要有：

a. 电流保护与电压保护之间的配合；

b. 距离保护与电流、电压保护之间的配合；

c. 上级保护与相邻变压器的差动保护配合；

d. 上级保护与相邻线路纵联保护配合。

二、整定计算对运行方式的选择及要求

电力系统运行方式是保护整定计算的基础，它不仅决定保护整定值的正确性，而且也影响对现有保护的评价和是否有利于正常的运行维护等方面，因此，要重视这一环节。

1. 系统最大、最小运行方式的选择

最大、最小运行方式都是对被整定的保护而言的，最大运行方式决定最大的短路电流，最小运行方式决定最小的短路电流。系统最大、最小运行方式的选择，要根据运行方式、故障类型及系统的主接线来考虑。

（1）考虑运行方式。根据运行经验，在不恶化保护效果且又能满足常见运行方式变化的情况下，继电保护整定计算按以下方式考虑：

1）考虑检修与故障两种状态的重叠，但不考虑多个重叠。

2）以满足常见的运行方式为基础。特殊方式另作处理，必要时，可采取临时的特殊措施加以解决。

（2）考虑故障类型。

1）对于相间保护来说，最大短路电流应取三相短路，最小短路电流应取两相短路。

2）对于接地保护（大接地电流系统）最大与最小接地短路电流，应分析比较决定。在系统同一点故障，当 $Z_{0\Sigma} > Z_{1\Sigma}$ 时，单相接地短路电流大于两相接地短路电流；当 $Z_{0\Sigma} < Z_{1\Sigma}$ 时，单相接地短路电流小于两相接地短路电流；当 $Z_{0\Sigma} = Z_{1\Sigma}$ 时，单相接地短路电流等于两相接地短路电流（注： $Z_{0\Sigma}$ 为短路点的综合零序阻抗、 $Z_{1\Sigma}$ 为短路点的综合正序阻抗）。

（3）考虑系统的接线特点。

1）对单侧电源的辐射形网路，最大运行方式为系统的所有机组、线路、接地点（规定接地的）均投入运行，最小运行方式为系统可能出现最少的机组、线路、接地点的运行。

2）双侧电源和多电源环形网路中，某一线路（见图1-4中 L_1 ）的最大运行方式为开环运行，开环点在该线路相邻的下一级线路 L_2 上，系统的机组、线路、接地点（规定接地的）均投入运行；最小运行方式是合环运行下，停用该线背后的机组、线路、接地点。

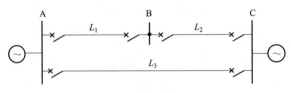

图 1–4　双侧电源示意图

3）对于双回线，除按上述情况考虑外，还应考虑双回线的保护接线，当双回线分别安装两套保护时，单回线运行为最大运行方式，双回线运行为最小运行方式；当双回线安装一套和电流保护时，情况与上相反。

2. 最大负荷电流的选取应考虑的因素

最大负荷电流的选取应考虑以下五点因素：

（1）备用电源自动投入的增荷；

（2）临时倒路的增荷；

（3）并联线路的减少使负荷转移；

（4）环状网路开环使负荷转移；

（5）两侧电源网路，一侧电源突然切机，引起另一侧增加负荷。

3. 合理选择运行方式

合理地选择运行方式是改善保护效果，充分发挥保护效能的关键之一。继电保护整定计算应以常见运行方式为依据。对特殊运行方式，可以按专用的运行规程或依据当时实际情况临时处理。

（1）发电厂有 2 台机组时，应考虑全部停运的方式；发电厂有 3 台及以上机组时，应考虑其中 2 台最大容量的机组同时停运的方式。

（2）变电站有 2 台及以上变压器时，考虑其中最大容量的 1 台停运。

（3）一个厂、站的主母线上接有多条线路，应考虑两条线路同时停运；或一条线路和 1 台降压变压器同时停运；或一条线路和 1 台发电机—变压器（简称机变）同时停运，停运最大容量者。

（4）对同杆并架的双回线，应考虑双回线同时检修或同时跳开的情况。

（5）应以调度运行方式部门提供的系统运行方式书面资料为整定计算的依据。

4. 整定计算对电网结构、运行方式的要求

合理的电网结构是电力系统安全稳定运行的基础，继电保护装置能否发挥积极作用，与电网结构及电力设备的布置是否合理有密切关系，必须把它们作为一个有机整体统筹考虑，全面安排。

（1）对严重影响继电保护装置保护性能的电网结构和电力设备的布置、厂站主接线等，应限制使用。下列问题应综合考虑：

1）简化电网运行接线，不同电压等级之间均不宜构成电磁环网运行。110kV 及以下电压电网以辐射形开环运行。

2）110kV 及以下电压电网宜采用双回线布置，单回线—变压器组运行的终端供电方式。

3）向多处供电的单电源终端线路，宜采用 T 接的方式接入供电变压器。

4）以自动重合闸和备用电源自动投入来增加供电的可靠性。

5）不宜在电厂向电网送电的主干线上接入分支线或支接变压器，也不宜在电源侧附近破口接入变电站。

6）尽量避免短线路成串成环的接线方式。

7）在电网中不宜选用全星形接线自耦变压器，以免恶化接地故障后备保护的运行整定。对目前已投入运行的全星形接线自耦变压器，特别是电网中枢地区的该种变压器，应采取必要的补偿措施。

8）当设计采用串联电容补偿时，对装设地点及补偿度的选定，要考虑对全网继电保护的影响，不应使之过分复杂，性能过于恶化。

（2）继电保护能否保证电网安全稳定运行，与调度运行方式的安排密切相关。继电保护应满足电网的稳定运行要求，但若继电保护对某些电网运行方式无法同时满足速动性、选择性和灵敏性要求，则应限制此类运行方式。在安排运行方式时，下列问题应综合考虑：

1）注意保持电网中各变电站变压器的接地方式相对稳定。

2）避免在同一厂、站母线上同时断开所连接的两个及以上运行设备（线路、变压器），当两个厂、站母线之间的电气距离很近时，也要避免同时断开两个及以上运行设备。

3）在电网的某些点上以及与主网相连的有电源的地区电网中，应设置合适的解列点，以便采取有效的解列措施，确保主网的安全和地区电网重要用户供电。

4）避免采用多级串供的终端运行方式。

5）避免采用不同电压等级的电磁环网运行方式。

6）不允许平行双回线上的双 T 接变压器并列运行。

（3）因部分继电保护装置检验或故障停运，导致继电保护性能降低，影响电网安全稳定运行时，应采取下列措施：

1）适当地改变电网接线及运行方式，使运行中的继电保护装置动作性能满足电网安全稳定运行的要求。

2）权衡继电保护动作的速动性与选择性对电网影响的严重程度及不利后果，采取切实可行的简单临时措施改善线路或元件设备的保护性能，保住重点。必要时，可适当牺牲继电保护的选择性要求，保证快速动作，以达到保证电网安全稳定运行的目的。

5. 整定计算选取方式的注意事项

（1）为提高保护的适应能力，在满足前述最大、最小运行方式的前提下，尽可能考虑可能出现的特殊方式。例如，线路纵联保护的正、反方向元件，差动保护的启动元件等对选择性没有过多要求，应尽可能地按照满足各种可能出现的方式下有灵敏度计算，以保证在新设备投运、枢纽厂站母线全停的检修方式、节假日期间电网开机不足等特殊方式下保护的灵敏度。

（2）整定计算时要充分考虑每一个定值项的作用、与其他定值的关系等因素，进而对运行方式进行合理地取舍。

（3）当运行方式超出前述最大、最小范围时，需要重新校核保护定值是否满足要求。可以通过设定多套保护定值、重合闸的投退等措施扩大保护的适应范围。

三、整定计算中几个系数的应用分析

1. 可靠系数

为了避免由于计算、测量、互感器、继电器及调试等误差，使保护的整定值偏离预定数值可能引起保护误动作，保护的动作值与实际短路电流或与配合的动作值之间，应有一定的裕度，以取得选择性，用可靠系数 K_{rel} 表示。对各种保护可靠系数的规定，详见 DL/T 559—2018《220kV～750kV 电网继电保护装置运行整定规程》及 DL/T 584—2017《3kV～110kV 电网继电保护装置运行整定规程》。

整定配合中应用可靠系数最多，如图 1-5 中断路器 QF1 和 QF2 均装设了电流保护时，其整定配合公式为

$$I_{op1} = K_{rel} \, I_{op2} \tag{1-4}$$

式中　I_{op1} ——所整定 QF1 保护的动作电流；

　　　I_{op2} ——所整定保护的下一级 QF2 保护的动作电流。

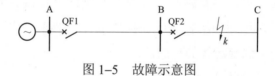

图 1-5　故障示意图

如果断路器 QF1 和 QF2 均装设电压保护时，其整定配合公式为

$$U_{op1} = \frac{U_{op2}}{K_{rel}} \tag{1-5}$$

式中　U_{op1} ——所整定 QF1 保护的动作电压；

　　　U_{op2} ——所整定保护的下一级 QF2 保护的动作电压。

可靠系数的选用，要考虑整定计算条件不同及保护方式不同而有所区别，选用时应注意以下问题：

（1）按短路电流整定的无时限保护，应选用较大的可靠系数；而按与相邻保护的整定值配合整定的保护，选用较小的可靠系数。

（2）保护动作速度较快时，应选用较大的可靠系数。

（3）不同原理和类型的保护之间的整定配合时，应选用较大的可靠系数。

（4）当短路电流中有互感影响时，应选用较大的可靠系数。

（5）运行中设备参数有变化或计算条件考虑因素较多时，应选用较大的可靠系数。

（6）感应型反时限电流电压保护，因惰性较大，应选用较大的可靠系数。

（7）可靠系数的上下限使用，当计算条件较准确时用下限（小值），否则用上限（大值）。

2. 返回系数

按正常运行条件量值整定的保护定值，如按最大负荷电流整定的过电流保护和最低运行电压整定的低电压保护，由于定值比较接近正常运行值，在受到故障量的作用动作时，当故障消失后保护不能返回到正常位置将发生误动作，为了避免此种情况，在整定公式中引入元件的返回系数，返回系数用 K_f 表示。对于按故障量值（电流、电压）或按自启动量值整定的保护，则可以不考虑返回系数。

过电流保护整定公式为

$$I_{op} = \frac{K_{rel}}{K_f} I_{fhmax} \qquad (1-6)$$

式中　　　K_f ——返回系数；

　　I_{fhmax} ——最大负荷电流。

低电压保护整定公式为

$$U_{op} = \frac{U_{min}}{K_{rel} K_f} \qquad (1-7)$$

式中　U_{min} ——最低运行电压。

返回系数的选择与配置的保护类型有关，电磁型继电器由于考虑要保持一定的接点压力，所以其返回系数较低，一般约为 0.85；微机保护的返回系数则较高，一般考虑为 0.95。

3. 分支系数

在电网接线复杂的系统中，相邻上、下两级保护间的整定配合，还受到中间分支电源的影响，将使上一级保护范围缩短或伸长，整定公式中需要引入分支系数。对于电流保护，分支系数的定义是相邻线路故障时，流过本保护的短路电流与流过相邻保护短路电流之比，分支系数通常用 K_{fz} 表示。分支系数是个复数值，为简化计算，一般取其绝对值。

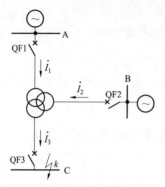

图1-6 故障时助增电流示意图

（1）电流保护。如图1-6所示，当 k 点发生故障，QF1的保护与QF3的保护配合时

$$K_{fz} = \frac{\dot{I}_1}{\dot{I}_3} = \frac{\dot{I}_1}{\dot{I}_1 + \dot{I}_2} \qquad (1-8)$$

此时，分支系数 $K_{fz} < 1$。$\dot{I}_2$ 是助增电流，助增电流的存在使得QF1的电流保护范围缩短。

如图1-7所示，当 k 点发生故障，QF1的保护与QF3的保护配合时

$$K_{fz} = \frac{\dot{I}_1}{\dot{I}_3} = \frac{\dot{I}_1}{\dot{I}_1 - \dot{I}_2} \qquad (1-9)$$

此时，分支系数 $K_{fz} > 1$。$\dot{I}_2$ 是汲出电流，汲出电流的存在使得QF1的电流保护范围增长。

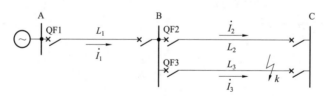

图1-7 故障时吸出电流示意图

（2）距离保护。对于距离保护采用的是助增系数的概念，它等于分支系数的倒数，通常用 K_{zz} 表示

$$K_{zz} = \frac{1}{K_{fz}} \qquad (1-10)$$

如图 1-8 所示的系统，当 QF1 与 QF2 装设了距离保护，k 点发生故障时，则 QF1 处的距离保护测量阻抗为

$$Z_{op1} = \frac{\dot{U}_1}{\dot{I}_1} = \frac{\dot{I}_1 Z_1 + (\dot{I}_1 + \dot{I}_2) Z_2}{\dot{I}_1}$$

$$= Z_1 + \frac{\dot{I}_1 + \dot{I}_2}{\dot{I}_1} Z_2 = Z_1 + \frac{1}{K_{fz}} Z_2$$

$$= Z_1 + K_{zz} Z_2 \qquad (1-11)$$

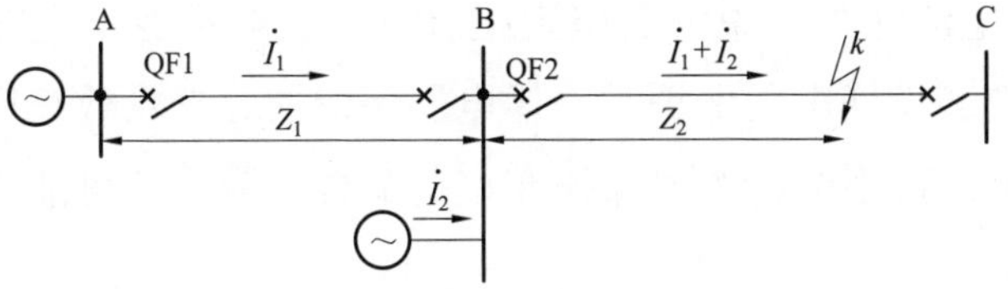

图 1-8　分支系数分析计算示意图

当存在助增电流时，助增系数 $K_{zz} > 1$，助增电流的存在使得距离保护测量到的阻抗增大，保护范围缩短；当存在汲出电流时，助增系数 $K_{zz} < 1$，汲出电流的存在使得距离保护测量到的阻抗减小，保护范围伸长。

（3）电压保护。若电力系统中装设低电压保护时（见图 1-8），则有如下关系

$$\frac{U_{op1}}{U_{op2}} = \frac{(\dot{I}_1 + \dot{I}_2) Z_2 + \dot{I}_1 Z_1}{(\dot{I}_1 + \dot{I}_2) Z_2} = 1 + \frac{\dot{I}_1 Z_1}{(\dot{I}_1 + \dot{I}_2) Z_2}$$

$$U_{op1} = \left[1 + \frac{\dot{I}_1 Z_1}{(\dot{I}_1 + \dot{I}_2) Z_2} \right] U_{op2} = \left(1 + K_{fz} \frac{Z_1}{Z_2} \right) U_{op2} \qquad (1-12)$$

其中

$$K_{fz} = \frac{\dot{I}_1}{\dot{I}_1 + \dot{I}_2}$$

低电压保护的分支系数与电流保护的分支系数不同，在整定配合上应选取可能出现的最小值。

（4）计算分支系数注意事项。分支系数的变化范围随电网结构的不同而不同，计算分支系数时，注意以下三点：

1）分支系数（或助增系数）的大小与助增电源和保护背后电源的大小有关，所以计算分支系数时运行方式的考虑非常重要。

2）在单电源的辐射状电网中，分支系数（或助增系数）的大小与短路点在相邻线路上的位置无关；但对于环状电网及双回线的情况，分支系数（或助增系数）的大小与短路点在相邻线路上的位置有关。分支系数计算选用的短路点，一般应选择不利的运行方式下在相邻线路保护配合段保护范围的末端。

3）对于电流保护来说，在整定配合上应选取可能出现的最大分支系数；若系统中装设低电压保护时，低电压保护的分支系数在整定配合上应选取可能出现的最小值；距离保护在整定配合上应选取可能出现的最小助增系数。

4. 自启动系数

按负荷电流整定的保护，必须考虑在断开故障后，电压恢复时，电动机自启动（主要是异步电动机）的电流。电动机由静止状态启动起来，自启动电流达到最大值。自启动电流较正常负荷电流大许多倍，而且延续时间又长，故按负荷电流整定的保护整定公式中，需要引入自启动系数。自启动系数等于自启动电流与其额定电流之比，用 K_{zqd} 表示。

单台电动机在满负荷全电压下启动，一般 K_{zqd} 为 4～8；综合负荷（包括动力负荷与恒定负荷）的 K_{zqd} 为 1.5～2.5；纯动力负荷（多台电动机的综合）的 K_{zqd} 为 2～3。在实际运行中，负荷中总有一部分或全部装有无电压释放（工艺要求或其他原因）。例如，在工厂用电中，当电压低的时间超过 0.5s 时，断开一部分不重要电动机，以保证重要电动机自启动。其次，一般综合性负荷居多，尤其是线路电压越高，则动力负荷比重越要下降一些，即使专用线路上，也会有一部分非动力负荷；再次对于几个负荷来说，也不会是同时满负荷运行的。

考虑了上述理由后，自启动系数是适当降低的。如掌握负荷是全部无压释放的，那么就可不计自启动系数。

选择自启动系数应注意以下三点：

（1）动力负荷比重大时，K_{zqd} 应取较大值，反之取较小值。

（2）负荷距电源较近（如发电厂直供，或电气距离较近）时，K_{zqd} 应取较大值，反之取较小值。

（3）切除故障时间较长或负荷断电时间较长时，K_{zqd} 应取较大值，反之取较小值。

综上所述，根据具体情况，适当选取自启动系数 K_{zqd}。单台电动机的自启动系数最好实测，对工厂用电和综合负荷，最好根据实际负荷情况进行实测和计算。

5. 非周期分量系数

在电力系统短路起始的暂态过程中，短路电流含有非周期分量，其特征是偏移时间轴一边，而且随时间的延长而衰减，出现时间较短。非周期分量对保护的正确工作有很大的影响，反应在电流数值上增大了有效值，使电流互感器产生饱和，增大了差动保护的差电流以及使某些保护产生测量误差等。为消除它的影响，除在保护装置原理中采取措施加以消除外，在整定计算中还需采取加大定值的措施。在整定计算公式中引入非周期分量系数。非周期分量系数等于含有非周期分量全电流有效值与周期分量电流有效值之比。非周期分量系数用 K_{fzq} 来表示。

差动保护的整定考虑非周期分量的影响，在变流器满足 10%误差的基础上，对带有躲开非周期分量性能的差动保护，实用上采用 $K_{fzq}=1\sim1.3$；对不带躲开非周期分量性能的差动保护，实用上采用 $K_{fzq}=1.5\sim2$。短路电流对变压器额定电流倍数较高时，应取上限值。

对于无时限的电流保护，考虑非周期分量的影响，为避免误动，一般都在可靠系数中加以考虑，即适当加大可靠系数。

四、整定计算注意事项

继电保护整定计算是决定整个继电保护系统正确运行的关键，它直接关系到保证电力系统安全和对重要用户连续供电的问题，要统筹考虑电网结构、负荷情况、一次设备的参数及性能、各级电网的协调配合。进行整定计算时应注意以下事项：

（1）整定保护定值时，要注意相邻上下级各保护间的配合关系，不但在正常运行方式下考虑，而且方式改变时也要考虑，特别是采取临时性的改变措施更要慎重，要安全可靠。

（2）应对保护装置功能有充分的理解，掌握保护装置的原理、动作逻辑、二次回路，重点注意以下问题：

1）注意上、下级保护配合时，对于阻抗保护、电压保护不能像电流保护一样仅考虑配合系数，还应考虑到对于同一故障点、不同安装处的保护感受到的故障量是不同的。

2）注意保护使用电流、电压互感器的安装位置，明确保护的范围，保护的死区以及死区发生故障时的解决办法。

3）注意电流回路是星形接线还是三角形接线，保护采集的电流量、电压量是线值还是相值。

4）注意差动保护动作电流、制动电流的选取。

5）注意保护装置与外部接线的对应。如变压器保护装置提供四侧电流，实际只需要三侧电流，整定选用时应与电流回路的实际接入相对应。

6）注意保护的跳闸回路与断路器跳闸线圈的对应关系，跳闸回路能否满足规程以及反措要求，如按双重化配置的保护与跳闸线圈的一一对应关系。

7）注意装有联切回路的保护，或者一套保护装有多段时限的特点。

8）注意启动元件与闭锁元件在回路中的位置，其本身的动作时间是否影响保护的整组动作时间。如变压器断路器失灵保护中失灵解锁母差复压延时的整定，如果复压闭锁在断路器失灵保护时间元件之前，失灵解锁母差复压的延时应整定为0s。

（3）注意与自动装置的配合。例如，非同期重合闸有很大冲击电流；单相重合闸会出现非全相运行状态，并有复杂故障状态；注意备用电源自动投入与重合闸的配合等问题。

（4）注意电网电压等级不同的保护特点，如大接地电流系统用三相式保护方式，而小接地电流系统用两相式保护方式，又如超高压长距离线路采用串联电容补偿时对保护的影响。

（5）注意负荷的特性对电力系统的要求，如对异步电动机，有的用户不装设无电压释放，而大多数用户则装设无电压释放，与考虑自启动有关；对同步电动机，有的用户使用失步后再同步方式，而大多数用户则采取失压后即停机的方式，因而不希望用重合闸和备用电源自动投入装置；不对称负荷（电气机车等）对反映于序分量的保护影响很大；冲击性负荷（轧钢、冶炼等）对电流电压保护影响较大。

（6）重视整定计算使用的电网参数，按照规程规定，对相关参数进行合理简化，需要实测的参数应采用实测值。

（7）重视整定计算分界点的等值阻抗、定值的管理，防止管理不当造成的上、下级不配合。

（8）对于临时性的改变定值要尽量减少，在主保护保证灵敏度的前提下，可适当提高后备段的后备灵敏度，用以解决常见的临时方式，必要时采用保护装置多套定值的功能。

（9）注意负荷电流对整定计算的影响。在电力系统中发生短路时，都是伴随着电压下降的，对于恒定性负荷，电压下降、电流降低；而对于电动机负荷（主要是异步电动机），在系统中发生短路时，由于电动机有较大的惯性，电动机仍然快速转动着，所以此时电动机相当于发电机，当电动机端的残余电压低于其次暂态电势时，则电动机暂时作为电源向短路点送反馈电流，短路点的冲击电流会增大。

由于分支负荷的影响保护范围伸长，而在配合点发生故障，可能越级动作，失去选择性。实用原则如下：

1）速动保护不计负荷影响。

2）按负荷自启动条件整定的保护，不计负荷影响。

3）按与相邻线路配合的不带低压闭锁的延时保护，当负荷分支母线残余电压较高（$U \approx 0.8 U_N$）时，分支负荷电流有较大影响，此种情况一般为过电流保护段受影响，可用增大可靠系数的办法解决。可靠系数 K_{rel} =1.2～1.5。

五、合理选取整定值

按照规程规定计算好整定值后，选取装置整定值应考虑以下因素：

（1）从实际出发，二次值准确到小数点后一位值，各种系数准确到小数点后两位值。但是应该指出，在选取定值时，还须注意到继电器的原有定值。如果变动很小（如只变动 0.1A）时，应仍取原数值，以减少变动。

（2）整定值应在保护装置的可整定范围内，并尽可能离开保护装置的最大、最小刻度值，以避免装置原因、误差原因导致保护不能可靠动作。

（3）在满足灵敏性、选择性的前提下，选取定值要尽量考虑到以后的发展需要，留有一定的裕度，以减少系统变化改定值的工作量。

（4）考虑电流互感器饱和的影响，如二次额定值 5A 的电流互感器，饱和倍数是 10 倍，则电流保护的整定值不能超过 50A，否则在电流互感器饱和后，将造成本保护拒动，上级保护越级动作。

（5）选取的定值应以计算的数值为依据，但有时还需要参考经验值。

第三节　继电保护配置分析

继电保护的配置是否合理，直接关系到继电保护作用的发挥，不论是设计部门，还是生产运行部门，都会遇到继电保护配置的问题。设计部门要确定新设备的保护选型；对于已经运行的保护，因系统发展不能满足要求时，生产运行部门应提出保护配置的改进方案。

一、继电保护配置的基本要求

（1）从整个电力系统出发，要满足电力系统的稳定和潮流极限的需要，保证重要用户和工业安全供电的需要。确定电力网结构、厂站主接线和运行方式时，必须与继电保护和安全自动装置的配置统筹考虑，合理安排。

（2）继电保护和安全自动装置应符合可靠性、选择性、灵敏性和速动性的要求。当确定其配置和构成方案时，应综合考虑以下六个方面，并结合具体情况，处理好上述"四性"的关系。

1）电力设备和电力网的结构特点和运行特点；

2）故障出现的概率和可能造成的后果；

3）电力系统的近期发展规划；

4）相关专业的技术发展状况；

5）经济上的合理性；

6）国内和国外的经验。

（3）保护配置的选择应由简到繁，设备的选型要求质量好、性能全、运行维护方便、经济合理、留有发展余地，应优先选用具有成熟运行经验的数字式装置。为便于运行管理和有利于性能配合，同一电力网或同一厂站内的继电保护和安全自动装置的型式、品种不宜过多。

（4）电力系统中，各电力设备和线路的原有继电保护和安全自动装置，凡不能满足技术和运行要求的，应逐步进行改造。

二、继电保护配置的应用分析

（1）线路保护。

1）35kV 及以下线路，选择两段式（或三段式）电流保护；不能满足选择性、灵敏性、快速性要求时，考虑配置距离保护；有全线速动要求时，考虑配置快速保护。

2）110kV 线路，对于相间故障，应配置相间距离保护，计算表明，相间电流保护已不能满足选择性与灵敏性的要求，应避免使用；对于接地故障，应配置接地距离保护和零序电流保护。对双回线、特短线路、有全线速动要求的，考虑配置快速保护。

3）110kV 及以下线路的后备保护采用远后备方式。随着光纤的广泛应用，110kV 及以下线路的快速保护应优先采用纵联差动保护。

4）220kV 线路保护应按加强主保护简化后备保护的基本原则配置和整定。

a. 加强主保护是指全线速动保护的双重化配置，同时要求每一套全线速动保护的功能完整，对全线路内发生的各种类型故障，均能快速动作切除故障。对于要求实现单相重合闸的线路，每套全线速动保护应具有选相功能。当线路在正常运行中发生不大于100Ω电阻的单相接地故障时，全线速动保护应有尽可能强的选相能力，并能正确动作跳闸。

b. 简化后备保护是指主保护双重化配置，同时，在每一套全线速动保护的功能完整的条件下，带延时的相间和接地Ⅱ、Ⅲ段保护（包括相间和接地距离保护、零序电流保护），允许与相邻线路和变压器的主保护配合，从而简化动作时间的配合整定。

c. 220kV 线路的后备保护宜采用近后备方式。但某些线路，如能实现远后备，则宜采用远后备或同时采用远、近结合的后备方式。

（2）母线保护。按系统稳定性要求，为提高速动性，按需要在部分母线装设母线保护。对于继电保护的选择性依赖于快速保护（纵联保护、母差保护），一旦快速保护停用或拒动，将可能引起大面积停电的情况，应按双重化配置母线保护。在母联或分段断路器上，宜配置相电流或零序电流保护，保护应具备可瞬时和延时跳闸的回路，作为母线充电保护，并兼作新线路投运时（母联或分段断路器与线路断路器串接）的辅助保护。

（3）变压器保护。

1）变压器保护应能满足变压器热稳定的要求，即当短路电流大于变压器热稳定电流时，变压器保护切除故障的时间不宜大于 2 s。否则应配置变压器限时速断保护，详见第三章第一节。

2）考虑电力设备构造的特点。如自耦变压器零序保护不宜取自中性点的 TA，而要取自高、中压侧的 TA（在高压侧发生单相接地故障时，中性点电流取决于二次绕组所在电网零序综合阻抗 $Z_{0\Sigma}$：当 $Z_{0\Sigma}$ 为某一值时，一次、二次电流将在公用的绕组中完全抵消，因而中性点电流为零；当 $Z_{0\Sigma}$ 大于此值时，中性点零序电流将与高压侧故障电流同相；当 $Z_{0\Sigma}$ 小于此值时，中性点零序电流将与高压侧故障电流反相。因此，自耦变压器零序保护不能装在中性点接地线上）。

（4）为提高电力系统安全运行和保证用户供电的连续性，配置安全自动装置，如采用各种方式的重合闸、备用电源自动投入等。

（5）对于系统稳定要求高的地方，应配合以联切负荷、振荡解列等保稳定措施。

（6）对小电源与大系统并列的方式，为防止解列后小电源崩溃和简化保护，在负荷平衡点装设解列保护。

（7）为提高对故障的分析能力，改进保护方法，装设故障录波器等装置。

三、主保护、后备保护的应用分析

（一）主保护、后备保护的概念

（1）主保护是满足系统稳定和设备安全要求，能以最快速度有选择地切除被保护设备和线路故障的保护。

（2）后备保护是主保护或断路器拒动时，用以切除故障的保护。后备保护可分为远后备和近后备两种方式。

1）远后备是当主保护或断路器拒动时，由相邻电力设备或线路的保护实现后备。

2）近后备是当主保护拒动时，由该电力设备或线路的另一套保护实现后备的保护；当断路器拒动时，由断路器失灵保护来实现的后备保护。

（二）主保护、后备保护的配置

（1）主保护是作为设备的主要保护，要求它能保护全部范围和能保护各种故障，并尽可能有较快的速度。保护可由一套保护担任，也可由两套或两套以上的保护担任，如线路上装设纵联保护为主保护，也可装设距离保护和零序保护共同组成主保护。

（2）后备保护分为远后备和近后备两种。一般应充分利用远后备方式，在远后备不能满足灵敏度要求而后备性又有必要时，可就地装设专用的后备保护，作为开关拒动或主保护拒动的后备保护。

（3）主保护和后备保护应该是完全独立的，接于电流互感器的不同绕组或不同的电流互感器，经不同的直流熔断器供电，作用于不同的断路器。主保护和后备保护完全独立，是后备保护在主保护或断路器拒动时能够切除故障的根本。否则，在保护装置故障、断路器拒动或失去直流电源，后备保护形同虚设。

校验保护灵敏度时，要注意校验远后备的灵敏度，如果灵敏度不能满足要求，应该有解决措施。

如图 1-9 所示，对于母线 2，通常不装设母线差动保护，由变压器的低压侧后备保护作其主保护。

图 1-9　保护配置示意图

1）如果变压器 A 高压侧后备保护对母线 2 故障能够满足灵敏度要求，则变压器 A 高压侧后备保护作母线 2 的后备保护，要求变压器 A 的高、低压侧后备保护由不同的保护装置提供，因此变压器仅配置一套主后一体式的保护是不能满足要求的。变压器配置两套主后一体的保护时，一套用作主保护，另一套用作后备保护，也不满足高、低压侧后备保护由不同的保护装置提供的要求，因此两套保护装置的主后保护都应该投入。

2）如果变压器 A 高压侧的后备保护对母线 2 故障无灵敏度时，则在变压器的低压侧断路器上应配置两套完全独立的后备保护作为母线 2 的主保护及后备保护，要求这两套过电流保护接于电流互感器不同的绕组，经不同的直流熔断器供电，并以不同时限作用于该低压侧断路器与高压侧断路器（或变压器各侧断路器）。

第二章

继 电 保 护 运 行

　　继电保护正确运行才能保证保护装置按照预先设定的功能发挥作用。继电保护的运行主要由调度运行人员与现场运行人员完成，为适应装置或运行环境的变化，杜绝继电保护运行事故的发生，本章重点解读继电保护运行规定；提出新设备送电时，对未经检验保护装置的考虑；为帮助运行人员和保护调试人员加深对保护整体概念的理解，以系统的视点，简要讲述电网主要设备保护的范围及动作分析；对部分保护连接片（压板）进行说明。

第一节　继电保护常规运行规定及重点解读

　　根据 DL/T 559—2018《220kV～750kV 电网继电保护装置运行整定规程》、DL/T 584—2017《3kV～110kV 电网继电保护装置运行整定规程》、DL/T 587—2016《继电保护和安全自动装置运行管理规程》等规程的规定，结合具体的继电保护装置及长期以来的运行经验，形成了具有实践指导意义的继电保护运行规定，指导着继电保护各项运行工作。正确地理解、执行继电保护运行规定，是保证继电保护正确动作的重要条件之一。

　　一、一般运行规定

　　（1）处于运行状态的一次电气设备必须有可靠的保护装置，不允许无保护运行。

　　继电保护是电力系统的第一道防线，处于运行状态的一次电气设备必须有可靠的保护装置，不允许无保护运行，这是继电保护运行的根本，无论电网处于何种运行方式，无论对于何种继电保护装置，继电保护的运行规定都应以此为基本原则。

（2）无电气量瞬动保护的高压设备不允许充电。充电保护仅在对设备充电时投入，充电完毕退出运行。

充电保护是简单的电流保护，可靠性高，通常按照对设备末端故障具有足够的灵敏度整定，动作时间 0s，因此可以很好地保护设备的安全；但是充电保护不具有选择性，因此，充电完毕必须退出运行。

（3）线路及备用设备充电时，应将重合闸及备用电源自动投入装置临时退出运行。

（4）双重化配置的继电保护装置，在一套投运的条件下，另一套可整屏短时退出，双套装置不得同时退出。

（5）部分保护应随运行方式的变化而投停，例如：

1）变压器中性点放电间隙保护应在变压器中性点接地开关断开后投入，接地开关合上前退出。

变压器中性点放电间隙保护的间隙零序电流一次值整定为 100A，如果在变压器中性点直接接地时投入，区外发生接地故障时极易误动，因此，必须在变压器中性点接地开关断开后投入，接地开关合上前停用。

Q/GDW 1175—2013《变压器、高压并联电抗器和母线保护及辅助装置标准化设计规范》规定间隙电流取中性点间隙专用 TA，不单独设放电间隙保护连接片，不存在误动的可能，因此，不必随变压器中性点接地方式投/退此保护。

2）母联（分段）兼旁路断路器作旁路运行时，投入代路运行的保护，解除其他保护跳母联（分段）的连接片；作母联（分段）运行时，投入其他保护跳母联（分段）的连接片，停用代路运行的保护。

母联（分段）兼旁路断路器作旁路运行时，其作用是代替线路断路器运行，投入的代路运行的保护是线路保护，整定值与被代线路保护的整定值相同，与作母联断路器的作用是截然不同的，因此应该随运行方式的变化改变保护的运行方式。

（6）一次设备停运而保护无工作时，保护可不退出。

（7）保护装置投入运行时，应先送直流电源，检查装置正常、功能连接片正确后，再投入出口连接片；退出运行时反之。

（8）接有交流电压的继电保护装置，在操作过程中不允许装置失去交流电压。

（9）进行电压二次回路切换操作时，必须防止二次向一次反充电。

（10）在下列情况下应停用整套继电保护装置：

1）微机继电保护装置使用的交流电压、交流电流、开关量输入、开关量输出回路作业。

2）装置内部作业。

3）继电保护人员输入定值影响装置运行时。

4）合并单元、智能终端及过程层网络作业影响装置运行时。

（11）继电保护装置必须经工作电流和电压检验，方可正式投入运行。在进行工作电流和电压检验时，保护可不退出，且必须有能够保证切除故障的后备保护或临时保护。

二、线路保护运行规定

（1）对于220kV及以上电压等级联络线不允许无全线速动的纵联保护运行：220kV及以上电压等级联络线环网运行，电网的稳定运行要求快速切除故障；同时，线路后备保护之间配合的困难化也要求以主保护切除故障，因此，220kV及以上电压等级联络线不允许无全线速动的纵联保护运行。

（2）线路两侧保护的纵联功能必须同时投入或退出：线路两侧的纵联保护需要通过信号的交换配合，才能够完成完整的保护动作行为，如果两侧不能同时投退，对于闭锁式纵联保护，可能造成保护误动；对于允许式纵联保护，将会造成保护拒动。

（3）220kV及以上线路纵联保护停运时的处理：

1）如有可能，将纵联保护停用的线路停电。

2）如线路不能停电，且没有系统稳定或配合要求的，不做处理。

3）如线路不能停电，系统稳定或保护配合有要求的，调整电网接线和运行潮流，使线路后备保护的动作能满足系统稳定要求。临时缩短线路两侧对全线路金属性短路故障有足够灵敏度的相间和接地后备保护的动作时间，允许该线路两侧保护失去选择性。

（4）两套 220kV 线路保护和两套 220kV 母线保护不能交叉停用。《国家电网公司十八项电网重大反事故措施》要求，两套 220kV 线路保护、两套 220kV 母线保护是一一对应的，如图 2-1 所示，当母线保护一与线路保护二同时停用时，将导致两套断路器失灵保护都不能正常运行。因此，两套 220kV 线路保护和两套 220kV 母线保护不能交叉停用。

图 2-1　线路保护与母差保护对应图

（5）线路倒由旁路断路器代路的操作过程中，应对操作步骤认真分析，确定合理的保护投停时机，以避免纵联保护停运。具体操作过程如下：

1）用旁路断路器充旁路母线正常后，拉开旁路断路器。

2）在准备合旁路断路器前，将线路本身的一套纵联保护的收发信机或光纤通信接口装置切换至旁路，投入旁路的纵联保护（如果是高频通道，需先试验高频通道正常）。

此时，线路仍运行在本身断路器上，线路的另一套纵联保护运行。

3）合上旁路断路器，检查负荷分配。此时，旁路断路器与线路本身断路器并列运行，各有一套纵联保护，线路没有失去纵联保护。对于纵联差动保护，尽管会由于两个断路器同时运行的分流造成线路两侧的纵联差动保护感受到差电流，但是由于对侧保护不启动，不会发出差动动作允许信号，因此纵联差动保护不会动作。如果此时正好发生区外故障，存在保护误动的可能，但是相对于保护拒动的严重后果，应该认可这种误动。

4）拉开线路本身断路器，停用线路两侧另一套纵联保护。此时线路已经倒由旁路断路器供电，投入的是旁路的纵联保护，旁路只有一套纵联保护，根据线路两侧保护的纵联功能必须同时投入或退出的要求，停用线路两侧的另一套纵联保护。

5）旁路倒由线路本身断路器的操作过程反之。

（6）220kV 直配线路、充电备用线路运行规定：充电备用线路的电源侧断路器在合闸状态，备用侧断路器在断开状态。充电备用线路分冷备用和自投备用两种。自投备用的线路根据其在电力系统中所处的位置及所带负荷的性质，自投后可以转为直配线或联络线。针对这些不同的情况，其保护投停是不同的，具体如下：

1）直配线路、冷备用的线路和自投后转为直配线的线路，线路发生故障时，只需要跳开电源侧断路器，即可切除故障，其保护投停如下：

a. 线路两侧纵联保护、后备保护均投入，电源侧投跳闸，备用侧投信号。

b. 电源侧重合闸按三重检无压方式投入，备用侧重合闸停用。

c. 线路两侧断路器非全相保护投跳闸。

d. 线路两侧过电流、充电保护退出。

e. 电源侧断路器启动失灵回路投入，备用侧断路器启动失灵回路退出。

2）自投后转为联络线的，线路两侧纵联保护、后备保护、断路器非全相保护均投跳闸，断路器启动失灵回路均投入。两侧重合闸按单重方式投入。

（7）对于正常设置全线速动保护的 110kV 及以下线路，因检修或其他原因全线速动保护退出运行时，应根据电网要求采取调整运行方式或调整线路后备保护动作时间的办法，保证电网安全。

（8）110kV 及以下线路电源侧、受电侧保护投停的考虑：110kV 及以下线路通常按照环网布置，开环运行。随运行方式的变化，线路的电源侧、负荷侧是变化的，因此线路两侧都配置保护。按照保护的用途，仅需要在电源侧投入保护，负荷侧保护应退出。但实际运行中，当保护配置有方向元件，反方向故障不会误动时，负荷侧保护可以不退出，以避免无人值守变电站没有一次设备操作，仅去改变保护连接片。

三、母线保护运行规定

（1）母差保护动作影响范围大，要慎重对待，当出现以下异常情况，应立即退出相关母差保护：

1）差动回路二次差电流出现明显异常；

2）装置故障或发异常信号；

3）差动回路出现电流断线信号；

4）差动保护任一电流回路有工作。

（2）母线差动保护停用的处理。

1）对于 220kV 及以上双母线接线方式，母线差动保护因故全部退出运行时，应采取下列措施：

a. 应尽量缩短母线差动保护的停用时间。

b. 不安排母线连接设备的检修，避免在母线上进行操作，减少母线故障的概率。

c. 改变母线接线及运行方式，选择轻负荷情况，并考虑当发生母线单相接地故障，由对侧的线路后备保护延时段动作跳闸时，电网不会失去稳定。尽量避免临时更改保护定值。

d. 根据当时的运行方式要求，临时将带短时限的母联或分段断路器的过电流保护投入，以快速地隔离母线故障。

e. 如果仍无法满足母线故障的稳定运行要求，在本母线配出线路全线速动保护投运的前提下，在允许的母线差动保护停运期限内，临时缩短本母线配出线路对侧对本母线金属性短路故障有足够灵敏度的相间和接地后备保护的动作时间。无法整定配合时，允许失去选择性。

2）110kV 母线差动保护因故退出运行时，应采取下列措施：

a. 尽量缩短母线差动保护的停用时间。

b. 不安排母线连接设备的检修，尽可能避免在母线上进行操作，减少母线故障的概率。

c. 应考虑当母线发生故障时，由后备保护延时切除故障，不会导致电网失去稳定；否则应改变母线接线方式、调整运行潮流。必要时，可由其他保护带短时限跳开母联或分段断路器，或酌情按稳定计算提出的要求加速后备保护，此时，如被加速的后备保护可能无选择性跳闸，应备案说明。

d. 220kV 及以上变电站的 110kV 母线差动保护退出时，还应考虑当母线发生故障时，如短路电流大于变压器热稳定电流，变压器保护切除故障的时间不宜大于 2s 的要求。必要时，可临时缩短变压器 110kV 侧后备保护的动作时间，但应保证与 110kV 出线对本线路末端金属性短路故障有足够灵敏度的保护的动作时间配合，且动作时间不宜大于 2s。

（3）母线分列运行时，母线保护正常运行；通过母联或分段向另一条母线充电时，母线保护不得停用。上述情况互联连接片均不得投入。

（4）进行倒闸操作时应将母线保护互联连接片投入，并确认母线保护中的刀闸位置指示与实际的刀闸位置状态一致。

（5）母线保护退出是指停用该套母线保护出口跳各断路器的连接片（若失灵保护与母线保护共用出口，当母线保护退出时，失灵保护同时退出运行）。

四、变压器保护运行规定

（1）变压器差动保护双重化配置时，不允许运行中的变压器双套差动保护同时退出。

（2）运行中的变压器瓦斯保护与差动保护不得同时停用。

（3）主变压器冲击送电时，应将主变压器所有保护投跳闸（包括未进行相量检查的差动保护）。

（4）遇下列情况之一时，差动保护应退出：

1）差电流出现明显异常；

2）装置故障或发异常信号；

3）差动保护任一电流回路有工作。

（5）重瓦斯保护正常投跳闸，遇下列情况之一时改投信号：

1）变压器注油和更换呼吸器硅胶；

2）在变压器油循环回路上进行操作或更换设备，有可能造成保护误动。

（6）在检修变压器保护时，对设有联跳回路的变压器保护，应解除联跳回路的连接片或联线。

（7）若后备过电流保护的复合电压闭锁回路采用各侧并联的接线方式，当一侧电压互感器停运时，应取消该侧复合电压闭锁。

五、断路器失灵保护运行规定

断路器失灵保护属于后备保护，而且保护动作影响范围大，因此对于断路器失灵保护，防误动优先于防拒动。

（1）遇下列情况之一时，应将保护装置中启动失灵保护的连接片停用：

1）启动失灵的保护装置有工作时；

2）启动失灵的保护装置故障或发异常信号时；

3）启动失灵的保护装置投信号运行时。

（2）遇下列情况之一时，应退出失灵保护功能：

1）电压闭锁回路不正常时；

2）装置故障或发异常信号时。

第二节　保护未经检验时的考虑

电网、保护正常运行时，保护按要求运行，并无困难。但是在新设备投运、保护更换、TA 更换、电网特殊运行方式等情况下，则需要具体分析，慎重对待，但是无论采取何种方式，都必须以电气设备不得无保护运行为基本原则。

继电保护装置必须经工作电流和电压检验，正确后方可正式投入运行。在进行工作电流和电压检验时，保护可不退出，且必须有能够保证切除故障的后备保护。新设备或更换了 TA 或保护的设备，没有经工作电流和电压检验，无法判断电流、电压的极性是否正确，也就无法判断保护能否达到预期的保护作用，如果方向错误，在保护范围内发生故障，保护将拒动；在保护区外发生故障，保护可能误动。对于可能发生的拒动，可以投入合适的辅助保护；对于可能发生的误动，则要具体分析误动对电网的影响，确定未经检验保护的投停。

一、辅助保护的使用

防止未经检验的保护拒动，最有效的方法是投入辅助保护。通常首先选用的是经检验的简单电流保护，最常使用的是母联过电流保护；其次，可以认为未经检验保护装置中的不经方向的电流保护是可用的。选用了合适的过电流保护，还要针对具体的运行方式，校验其灵敏度。具体做法如下。

1. 线路

（1）有条件空出一条母线的，应空出一条母线，利用母线保护中的母联（分段）过电流保护或母联（分段）本身的过电流保护做临时的辅助保护。

（2）没有条件空出母线的，如果线路保护中有不经方向闭锁的电流保护，用此保护做临时的辅助保护。

（3）没有条件空出母线的，如果线路保护中没有不经方向闭锁的电流保护，而且线路保护中的方向元件无法退出，如配置距离保护的 110kV 线路，如果有旁路断路器可以代路，应先用旁路断路器冲击线路，线路没有问题后再由本身断路器送电。如果没有旁路，当发生故障，线路保护无法切除故障时，只能依靠上级保护切除故障。因此考虑送电时的需要，线路保护中应至少配置一段可以经连接片投退的经延时的电流保护。

（4）线路的辅助保护应保证线路末端故障有足够的灵敏度，动作时间通常取 0～0.3s。

2. 变压器

（1）有条件空出一条母线的，应空出一条母线，利用母线保护中的母联（分段）过电流保护或母联（分段）本身的过电流保护做临时的辅助保护。

（2）没有条件空出母线的，将变压器高压侧时间最长的复合电压闭锁过电流保护的时间改短，做临时的辅助保护。

（3）变压器辅助保护，一要保证对变压器中、低压侧母线故障的灵敏度，如果该保护对中（低）压侧故障灵敏度不足，应通过调整运行方式或降低动作值等方法满足灵敏度要求；二要考虑变压器励磁涌流的影响，通常按 1.5~1.8 倍变压器额定电流考虑。动作时间通常取 0.3~0.5s，如定值过小，为躲过变压器的励磁涌流，应加长动作时间，但不宜超过 2s（考虑变压器的热稳定）。

【例 2-1】 以某变电站 2 号主变压器送电为例详细说明（见图 2-2）。

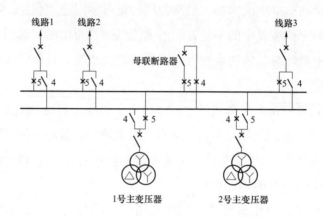

图 2-2 双母线接线示意图

（1）分析可投入的辅助保护。

1）母联过电流定值是 960A，0.3s。经校验，对 2 号主变压器低压侧母线故障灵敏度仅有 1.17。

2）2 号主变压器高压侧复合电压闭锁过流定值 456A，时间 5.5s。该保护对低压侧母线故障灵敏度是 2.47，满足要求。由于该定值按 1.5 倍变压器额定电流整定，考虑空送变压器时励磁涌流的衰减，时间应改为 0.5s。

（2）具体操作。

1）该站是双母线接线，送电前将线路 1、线路 2、线路 3、1 号主变压器倒由 5 号母线供电，4 号母线停电备用。

2）投入临时的辅助保护：投入母联过电流保护，由于其灵敏度较低，母联过电流保护临时改定值为：600A（1.97 倍变压器额定电流，灵敏度 1.87），0.3s；将 2 号主变压器高压侧复合电压闭锁过电流时间改为 0.5s。

3）2 号主变压器本身保护投入。用母联断路器经 4 号母线对 2 号主变压器送电。

二、未经检验保护投停的考虑

未经检验的保护，在检验正确前是否投入，主要考虑保护动作对电网的影响范围，对于线路、变压器的带方向的主保护、后备保护，仅切除单个元件，倾向于防止拒动，应该投入；而对于母差保护、断路器失灵保护，切除的元件多，对电网结构改变较大，应该倾向于防止误动，在可能切除多个元件时退出运行。

1. 母线差动保护

当母线上有 TA 回路未经检验的设备送电时，需要考虑母线差动保护的投退。

（1）考虑原则：既要防止母线差动保护误动作切除正常运行设备，又要尽量减少母线差动保护停用时间。

（2）对母线差动保护的分析：目前广泛应用的微机母线差动保护的动作原理通常是由大差元件作启动元件，小差元件选择故障母线。大差元件反应的是两条母线上所有元件（母联或分段除外）的差电流，小差元件反应的是一条母线上所有元件（包括母联或分段）的差电流。

（3）母线差动保护对不同情况的具体分析。

1）如图 2-2 所示：双母线接线，空出一条母线送电。假如新设备 2 号主变压器的 TA 回路接反，大差元件有差电流，达到定值将动作，对于 5 号母线，小差元件不会动作；对于 4 号母线，小差元件有差电流，达到定值将动作。因此母线差动保护可能动作切除 4 号母线。4 号母线上只有新设备 2 号主变压器，即使停电也不会对负荷造成影响。按上述原则，这种方式母线差动保护不需退出，此时允许母线差动保护动作切除待送电设备所在母线。

2）当母联或分段断路器的 TA 回路未经检验时，如果 TA 回路接反，当其中一条母线故障时，大差元件启动，故障母线的小差元件不启动，非故障母线的小差元件启动，母线差动保护将先切除正常母线，再切除故障母线。因此这种情况应停用母线差动保护。

3）没有条件空出母线为 TA 回路有变化的设备送电时，如果 TA 回路接反，母线故障时，母线差动保护可能由于差电流小而拒动；区外故障时母线差动保护将误动。此时应停用母线差动保护。

2. 线路保护

线路保护中的纵联保护、距离保护、方向保护在 TA 极性错误时存在误动或拒动的可能，但不会影响到正常运行的设备，因此送电时线路保护均应投入，重合闸按要求在送电结束后投入。

3. 变压器的差动保护

变压器任何一侧 TA 极性错误时都存在误动或拒动的可能。但是变压器是昂贵的电力设备，应以防止拒动为主，变压器差动保护始终投入。

第三节　特殊方式下的保护运行

继电保护的整定计算以规定的运行方式为依据，电网运行方式在规定的范围之内，保护满足选择性、灵敏性要求，但是对于超出规定范围之外的特殊运行方式，需要重新校核保护的选择性和灵敏性，以满足灵敏性要求为主，可以采取相应措施减少不满足选择性的影响，具体做法如下：

（1）220kV 保护，在特殊方式下，应主要依赖于主保护。故障时，由主保护切除故障，避免后备保护由于失去选择性越级动作。主保护的动作元件的定值应尽可能地满足各种特殊运行方式下灵敏性的要求。

（2）110kV 及以下保护，可以采用退出下级线路重合闸的方式弥补保护的无选择性动作。

（3）对于使用较多的特殊方式，或者无选择性动作影响较大时，可以事先设定两套及以上保护定值，通过切换保护定值满足选择性、灵敏性的要求。

第四节　电网保护的动作分析

继电保护装置从保护范围来说，主要分两种：一种是保护原理决定了其保护范围是固定的，如线路的纵联保护、变压器差动保护等；另一种是保护范围由其整定值决定，如线路的电流保护、变压器的限时速断保护等。

电网由线路、变压器等电力设备构成，电力设备上根据其在电网中所处的位置、其本身的重要程度，配置有各种保护装置，实现对电力设备的保护。为便于大家对电网的保护配置有整体的概念，我们以一个具体电网为例进行说明。

一、电网主保护的保护范围

第一章中我们讲到，主保护是满足系统稳定和设备安全要求，能以最快速度有选择地切除被保护设备和线路故障的保护。

（1）220kV 线路，通常配置两套纵联保护做其主保护，根据原理的不同，主要有纵联差动、纵联方向、纵联距离保护，保护范围是固定的，即线路两侧保护所使用的 TA 之间，如图 2-3 所示 220kV 线路主保护范围。

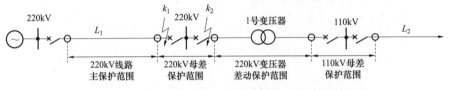

图 2-3　部分 220、110kV 设备主保护范围示意图

（2）220kV 母线，通常配置两套母差保护做其主保护，保护范围是固定的，即母线保护所使用的母线上各元件的 TA 与母线之间及母线，如图 2-3 所示 220kV 母差保护范围。

（3）220kV 变压器，通常配置两套纵联差动保护和一套重瓦斯保护做其主保护，保护范围都是固定的。差动保护的范围是保护所使用的各侧 TA 之间，如图 2-3 所示 220kV 变压器差动保护范围。瓦斯保护的范围是变压器油箱内部。

（4）220kV 变电站的 110、35kV 母线，通常分别配置一套母差保护做其主保护，范围是固定的，即母差保护所使用的母线上各元件的 TA 与母线之间及母线，如图 2-3 所示 110kV 母差保护范围。220kV 变电站的 10kV 母线，不配置母线保护，以 220kV 变压器的 10kV 限时速断保护做其主保护，其保护范围由整定值决定，包含母线及母线后面的一部分设备。

（5）110kV 线路，主要分两种情况：一种是配置纵联差动保护做其主保护,保护范围是固定的,即线路两侧保护所使用的 TA 之间,如图 2-4 所示 110kV 线路纵差保护范围;另一种是未配置纵联差动保护,只配置阶段式距离保护、零序保护,这时的主保护是 0s 动作的距离Ⅰ段、零序电流Ⅰ段,保护范围由整定值决定,根据线路在电网中的位置,保护范围可以是线路全长的 70% 至线路全长及下级设备的一部分,分别如图 2-5、图 2-6 所示 110kV 线路Ⅰ段保护范围。

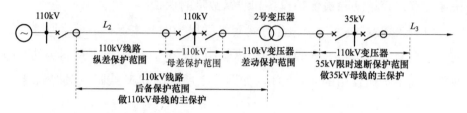

图 2-4　部分 110、35kV 设备主保护范围示意图

（110kV 线路配置纵差保护）

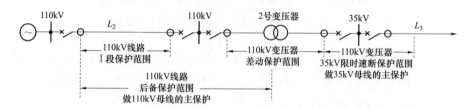

图 2-5　部分 110、35kV 设备主保护范围示意图

（110kV 线路未配置纵差保护,Ⅰ段保护范围是线路全长的 70%）

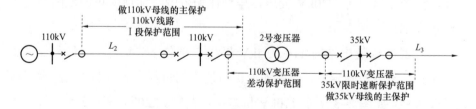

图 2-6　部分 110、35kV 设备主保护范围示意图

（110kV 线路未配置纵差保护,Ⅰ段保护范围是线路全长及

下级 110kV 变压器的一部分）

（6）110kV 变电站的 110kV 母线，主要分三种情况：① 配置一套母线差动保护做其主保护，保护范围是固定的，即母线保护所使用的母线上各元件的 TA 之间及母线，如图 2-4 所示 110kV 母差保护范围；② 内桥接线，主变压器差动保护的范围包含了母线，主变压器差动保护做其主保护，保护范围是固定的，即进线开关、桥开关 TA 之间及母线；③ 不配置母线保护，以上级 110kV 线路的Ⅰ段或Ⅱ段保护做其主保护，保护范围由整定值决定，包含母线及母线后面的一部分设备，如图 2-4、图 2-5 所示 110kV 线路后备保护范围。

（7）110kV 变压器，通常配置一套或两套纵联差动保护和一套重瓦斯保护做其主保护，保护范围都是固定的。差动保护的范围是保护所使用的各侧 TA 之间，如图 2-4～图 2-6 所示 110kV 变压器差动保护范围。瓦斯保护的范围是变压器油箱内部。

（8）110kV 变电站的 35、10kV 母线，不配置母线保护，以 110kV 变压器的 35、10kV 限时速断保护做其主保护，保护范围由整定值决定，包含母线及母线后面的一部分设备，如图 2-4～图 2-6 所示 110kV 变压器 35kV 限时速断保护范围。

（9）35kV 线路，主要分两种情况：一种是配置纵联差动保护做其主保护，保护范围是固定的，即线路两侧保护所使用的 TA 之间；另一种是未配置纵联差动保护，只配置阶段式电流保护，这时的主保护是 0s 动作的过电流Ⅰ段，其保护范围由整定值决定，根据线路在电网中的位置，保护范围可以是线路全长的 70% 至线路全长及下级设备的一部分。

（10）35kV 变电站的 35kV 母线，主要分三种情况：① 配置一套母线差动保护做其主保护，保护范围是固定的，即母线保护所使用的母线上各元件的 TA 之间及母线；② 内桥接线，主变压器差动保护的范围包含了母线，主变压器差动保护做其主保护，保护范围是固定的，即进线开关、桥开关 TA 之间及母线；③ 不配置母线保护，以上级 35kV 线路的Ⅰ段或Ⅱ段保护做其主保护，保护范围由整定值决定，包含母线及母线后面的一部分设备。

（11）35kV 变压器，主要分两种情况：一种是配置一套纵联差动保护和一套重瓦斯保护做其主保护，保护范围都是固定的。差动保护的范围是保护所使用的各侧 TA 之间。瓦斯保护的范围是油箱内部。另一种是以电流保护代替纵联差动保护做主保护，保护范围由整定值决定，只能保护变压器的一部分。

（12）35kV 变电站的 10kV 母线，不配置母线保护，以 35kV 变压器的 10kV 限时速断保护做其主保护，保护范围由整定值决定，包含母线及母线后面的一部分设备。

（13）10kV 线路，主要分两种情况：一种是配置纵联差动保护做其主保护，保护范围是固定的，即线路两侧保护所使用的 TA 之间。另一种是未配置纵联差动保护，只配置阶段式电流保护，这时的主保护是 0s 动作的过流 I 段，其保护范围由整定值决定，根据线路在电网中的位置，保护范围可以是线路全长的 70%至线路全长及下级设备的一部分。

通过上述分析，我们可以看到，220kV 变电站的 110kV 母线及以上的设备，0s 动作的主保护几乎可以涵盖所有区域；未配置纵联差动保护的 110、35、10kV 线路，不是所有线路都能 0s 切除全线故障；110、35kV 变电站的中、低压侧母线的故障不能 0s 切除故障。

通过上述分析，我们还可以看到，对于范围固定的保护，其范围与保护使用的 TA 的位置密切相关，合理地布置 TA 的安装位置，合理地选用合适位置的 TA 绕组，可以有效避免保护死区。

当只在断路器的一侧安装 TA，TA 通常安装在断路器与电力设备之间，由于受一次设备限制，存在保护死区，需要通过一些措施来弥补。如图 2-3 中的 k_1 点故障，220kV 母差保护判为区内故障，保护动作跳闸后，故障点仍然存在，此时由 220kV 母差保护动作停信或远跳，跳开线路对侧断路器切除故障。如图 2-3 中的 k_2 点故障，220kV 母差保护判为区内故障，保护动作跳闸后，故障点仍然存在，此时由 220kV 变压器的断路器失灵保护，跳开变压器中、低压侧断路器切除故障。

当在断路器的两侧均安装 TA，通过合理选择各种保护使用的 TA 绕组，可以避免保护死区，但特殊位置的故障，不同保护的保护范围是重叠的。如图 2-7 所示，断路器两侧均安装 TA 后，220kV 线路保护与 220kV 母差保护、220kV 变压器差动保护与 220kV 母差保护、220kV 变压器差动保护与 110kV 母差保护范围有重叠区域，能够更快速、可靠地切除特殊区域的故障，但是同时会造成一定程度的扩大停电范围，在网架坚强的情况下是允许的。

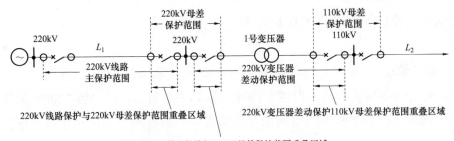

图 2-7　保护范围重叠示意图

需要注意的是，如果只有一侧装有 TA，不允许将 TA 安装在断路器与母线之间。如图 2-8 所示，k_1 点故障时，220kV 线路保护判为区内故障，k_2 点故障时，220kV 变压器保护判为区内故障，保护动作跳闸后，故障点仍然存在。此时需要本变电站 220kV 线路对侧后备保护动作切除故障，动作时间较长，对系统的稳定运行不利。因此，如果只有一侧装有 TA，应该安装在断路器与电力设备之间。

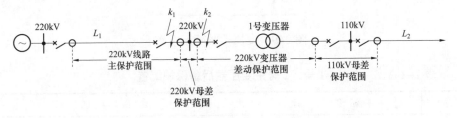

图 2-8　TA 在断路器与母线之间时保护范围示意图

二、电网后备保护的动作分析

当设备的主保护完好时，在电网发生故障时，都应该由其主保护动作，以较快的时间切除故障。但是，如果主保护拒动，将由其各自的后备保护动作切除故障。

（1）220kV 线路保护采用近后备原则，配置两套主后一体的保护装置，互为备用，220kV 线路整套保护（主保护和后备保护）拒动时的后备保护是 220kV 线路的另一套保护；220kV 线路断路器拒动时的后备保护，是 220kV 线路的断路器失灵保护，跳开与拒动断路器位于同一母线的所有元件。

（2）220kV 母线、220kV 变压器、220kV 变电站的其他侧母线主保护拒动时的后备保护较多，为便于描述，如图 2-9 所示，以一台 220kV 降压变压器为例，列表分析图中所示各故障点的后备保护，表中排序按照保护动作的先后顺序。运行方式为 220、110kV 并列运行，35kV 分列运行。1号、2 号主变压器的后备保护配置见表 2-1。

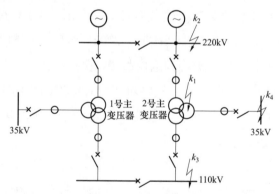

图 2-9　变压器故障示意图

表 2-1　　　　　　　　　　1 号、2 号主变压器后备保护配置

序号	保 护 名 称	动 作 目 的
1	220kV 复合电压方向过电流保护	一时限跳本侧断路器
		二时限跳各侧断路器
2	220kV 复压闭锁过电流保护	一时限跳各侧断路器

序号	保 护 名 称	动 作 目 的
3	220kV 方向零序电流一段	一时限跳本侧断路器
		二时限跳各侧断路器
4	220kV 方向零序电流二段	一时限跳本侧断路器
		二时限跳各侧断路器
5	220kV 零序过电流保护	一时限跳各侧断路器
6	110kV 限时速断保护	一时限跳 110kV 母联（分段）断路器
		二时限跳本侧断路器
		三时限跳各侧断路器
7	110kV 复压方向过电流保护	一时限跳 110kV 母联（分段）断路器
		二时限跳本侧断路器
		三时限跳各侧断路器
8	110kV 复压闭锁过电流保护	一时限跳各侧断路器
9	110kV 方向零序电流一段	一时限跳 110kV 母联（分段）断路器
		二时限跳本侧断路器
		三时限跳各侧断路器
10	110kV 方向零序电流二段	一时限跳 110kV 母联（分段）断路器
		二时限跳本侧断路器
		三时限跳各侧断路器
11	110kV 零序过电流保护	一时限跳各侧断路器
12	35kV 限时速断保护	一时限跳 35kV 母联（分段）断路器
		二时限跳本侧断路器
		三时限跳各侧断路器
13	35kV 过电流保护	一时限跳 35kV 母联（分段）断路器
		二时限跳本侧断路器
		三时限跳各侧断路器

　　主保护拒动时，k_1、k_2、k_3、k_4 点分别发生故障时，可能动作的后备保护及分析见表 2-2。

表 2–2　　　　　　主保护拒动时，后备保护动作情况及分析

序号	故障点	可能动作的后备保护	动作目的	分　　析
1	k_1	2 号主变压器的另一套保护	跳 2 号主变压器各侧断路器	k_1 点故障，变压器一套主保护拒动时，另一套主保护动作切除故障
		1 号主变压器 110kV 限时速断保护	跳 110kV 母联（分段）断路器	k_1 点故障，变压器主保护拒动时，电源经 1 号主变压器及 110kV 母联（分段）断路器向故障点提供短路电流，根据故障类型、故障程度不同，启动 110kV 侧后备保护中不同的保护段，跳开 110kV 母联（分段）断路器后，1 号主变压器 110kV 侧与故障隔离，保护返回
		1 号主变压器 110kV 方向零序电流保护		
		1 号主变压器 110kV 复压方向过电流保护		
		本变电站对侧 220kV 线路的相间距离保护	跳 220kV 线路对侧断路器	k_1 点故障，变压器主保护拒动时，电源经本变电站 220kV 线路向故障点提供短路电流，根据故障类型、故障程度不同，启动 220kV 线路后备保护中不同的保护段。通常本变电站对侧 220kV 线路的后备保护时间短于 2 号主变压器高压侧后备保护时间，跳开 220kV 线路对侧断路器后，故障切除
		本变电站对侧 220kV 线路的接地距离保护		
		本变电站对侧 220kV 线路的零序电流保护		
		2 号主变压器 220kV 复压过电流保护	跳 2 号主变压器各侧断路器	k_1 点故障，变压器主保护拒动时，电源经 2 号主变压器高压侧向故障点提供短路电流，如保护动作时间短于本变电站对侧 220kV 线路后备保护时间或 220kV 线路后备保护范围达不到故障点位置，根据故障类型、故障程度不同，启动 220kV 变压器 220kV 侧后备保护中不同的保护段，跳 2 号主变压器各侧断路器切除故障
		2 号主变压器 220kV 零序过电流保护		
		2 号主变压器 220kV 断路器失灵保护	以短时限跳 220kV 母联（分段）断路器，以长时限跳与故障变压器位于同一母线的其他设备的断路器	k_1 点故障，变压器 220kV 侧断路器失灵时，由变压器电气量保护启动变压器断路器失灵保护

続表

序号	故障点	可能动作的后备保护	动作目的	分 析
2	k_2	另一套220kV母差保护	跳与故障变压器位于同一母线的所有设备的断路器	220kV母线配置两套母差保护时，k_2点故障，一套母差保护拒动时，另一套母差保护动作切除故障
		本变电站对侧220kV线路的相间距离保护	跳220kV线路对侧断路器	k_2点故障，220kV母差保护拒动时，电源经本变电站220kV线路向故障点提供短路电流，根据故障类型、故障程度不同，启动220kV线路后备保护中不同的保护段。由于220kV线路后备保护中对线末故障有灵敏度的保护段动作时间较短，跳开220kV线路对侧断路器后，当变压器其他侧没有电源时，变压器后备保护不动作，故障切除
		本变电站对侧220kV线路的接地距离保护		
		本变电站对侧220kV线路的零序电流保护		
		1号主变压器110kV限时速断保护	跳110kV母联（分段）断路器	k_2点故障，220kV母差保护拒动时，电源经1号主变压器、110kV母联（分段）断路器、2号主变压器向故障点提供短路电流，如1号主变压器110kV侧后备保护动作时间小于2号主变压器220kV侧后备保护的动作时限，根据故障类型、故障程度不同，启动110kV后备保护中不同的保护段，跳开110kV母联（分段）断路器后，1号主变压器110kV侧与故障隔离，保护返回
		1号主变压器110kV方向零序电流保护		
		1号主变压器110kV复压方向过电流保护		
		2号主变压器220kV复压方向过电流保护	跳2号主变压器220kV断路器	k_2点故障，220kV母差保护拒动时，电源经1号主变压器、110kV母联（分段）断路器、2号主变压器向故障点提供短路电流，如2号主变压器220kV侧后备保护动作时间小于本变电站对侧220kV线路后备保护和1号主变压器110kV侧后备保护的动作时限，或者变压器其他侧有电源，根据故障类型、故障程度不同，启动220kV侧后备保护中不同的保护段，跳开2号主变压器高压侧断路器，切除故障
		2号主变压器220kV零序方向过电流保护		
		2号主变压器220kV断路器失灵保护	跳2号主变压器110、35kV断路器	k_2点故障，2号主变压器220kV侧断路器拒动时，由220kV母差保护启动2号主变压器高压侧断路器失灵保护

49

序号	故障点	可能动作的后备保护	动作目的	分 析
3	k_3	1 号、2 号主变压器 110kV 限时速断保护	以一时限跳 110kV 母联(分段)断路器	k_3 点故障，110kV 母差保护拒动时，电源分别经 1 号主变压器及 110kV 母联(分段)断路器、2 号主变压器 220、110kV 侧向故障点提供短路电流，根据故障类型、故障程度不同，启动两台主变压器 110kV 侧后备保护中不同的保护段，跳开 110kV 母联(分段)断路器后，将 1 号主变压器与故障隔离
		1 号、2 号主变压器 110kV 方向零序电流保护		
		1 号、2 号主变压器 110kV 复压方向过电流保护		
		2 号主变压器 110kV 限时速断保护	以二时限跳 2 号主变压器中压侧断路器	k_3 点故障，110kV 母联(分段)断路器断开后，1 号主变压器 110kV 侧后备保护返回，根据故障类型、故障程度不同，2 号主变压器 110kV 侧后备保护中不同的保护段动作跳开 2 号主变压器 110kV 侧断路器，切除故障
		2 号主变压器 110kV 方向零序电流保护		
		2 号主变压器 110kV 复压方向过电流保护		
		2 号主变压器 110kV 限时速断保护	一时限跳 110kV 母联(分段)断路器，二时限跳 2 号主变压器 110kV 侧断路器(拒动，跳不开)，三时限跳 2 号主变压器各侧断路器	k_3 点故障，2 号主变压器 110kV 侧断路器拒动时，2 号主变压器 110kV 侧后备保护中不同的保护段动作，跳开 2 号主变压器其他侧断路器切除故障
		2 号主变压器 110kV 方向零序电流保护		
		2 号主变压器 110kV 复压方向过电流保护		
4	k_4	2 号主变压器 35kV 过电流保护	以一时限跳 35kV 母联(分段)断路器，二时限跳 2 号主变压器低压侧断路器	k_4 点故障，2 号主变压器 35kV 限时速断保护拒动时，启动 2 号主变压器 35kV 过电流保护，跳开 2 号主变压器 35kV 侧断路器切除故障
		2 号主变压器 35kV 限时速断保护	一时限跳 35kV 母联(分段)断路器，二时限跳 2 号主变压器低压侧断路器(拒动，跳不开)，三时限跳 2 号主变压器各侧断路器	k_4 点故障，2 号主变压器 35kV 侧断路器拒动时，根据故障类型、故障程度不同，启动 35kV 侧后备保护不同的保护段，跳开 2 号主变压器其他侧断路器切除故障
		2 号主变压器 35kV 过电流保护		

（3）110kV 线路主保护拒动时的后备保护，是 110kV 线路本身的后备保护；110kV 线路整套保护（主保护和后备保护）或断路器拒动时的后备保

护是上级设备的后备保护，根据上级设备的不同，可能是变压器或线路。

（4）110kV 变电站的 110kV 母线的主保护拒动时的后备保护，是上级 110kV 线路的后备保护。

（5）110kV 变压器的差动保护拒动时的后备保护，是上级 110kV 线路的后备保护或 110kV 变压器的后备保护。110kV 变压器的高压侧断路器拒动时的后备保护，是上级 110kV 线路的后备保护。

（6）110kV 变电站的 35、10kV 母线的主保护拒动时，是变压器的 35、10kV 后备保护；35、10kV 断路器拒动时的后备保护，是 110kV 变压器的动作于各侧断路器的后备保护或上级 110kV 线路的后备保护。

（7）35kV 线路的主保护拒动时的后备保护，是 35kV 线路本身的后备保护；35kV 线路整套保护（主保护和后备保护）或断路器拒动时的后备保护是上级设备的后备保护，根据上级设备的不同，可能是变压器或线路。

（8）35kV 变压器的主保护拒动时的后备保护，是 35kV 变压器的后备保护或上级 35kV 线路的后备保护。

（9）35kV 变电站的 10kV 母线的主保护或 10kV 侧断路器拒动时的后备保护，是 35kV 变压器的动作于各侧断路器的后备保护或上级 35kV 线路的后备保护。

（10）10kV 线路的主保护拒动时的后备保护，是 10kV 线路本身的后备保护；10kV 线路整套保护（主保护和后备保护）或断路器拒动时的后备保护是上级设备的后备保护，根据上级设备的不同，可能是变压器或线路。

掌握了电网主保护的范围与后备保护动作的条件，当电网发生故障时，根据故障录波器、故障信息系统、保护动作报告，可以对保护的动作行为进行分析判断。

第五节　保护连接片简介

保护连接片投停的正确与否，直接关系到保护能否正确动作。保护连接片的正确投停，也是现场运行人员普遍感觉欠缺较多、迫切要求学习的内容。本节从满足广大现场运行人员的需要出发，对保护连接片的相关知识进行叙述，并画出 Q/GDW 1161—2013《线路保护及辅助装置标准化设计规范》、Q/GDW 1175—2013《变压器、高压并联电抗器和母线保护及辅助装置标准化设计规范》中部分连接片的回路图，帮助读者加深理解。

保护压板从形态上分为软压板、硬压板，常规变电站的保护功能软压板、硬压板应一一对应，一般采用"与门"逻辑，少数压板除外。智能变电站保护功能投退不设硬压板。在使用时，明确软、硬压板之间的逻辑关系，至关重要。保护连接片从作用上分为功能连接片、出口连接片和备用连接片三大类。功能连接片实现了保护装置某些功能的投退。出口连接片决定了保护的动作结果，根据保护动作对象的不同，可分为跳合闸连接片和启动连接片，跳合闸连接片直接作用于断路器的跳合闸，启动连接片作为其他保护开入之用，如失灵启动连接片、闭锁备自投连接片等。备用连接片是未接线的连接片。为便于区分，屏上的硬连接片采用不同的颜色，保护出口压板采用红色。

保护连接片的命名应采用双重化，包括连接片编号和连接片名称。连接片编号在二次图纸中使用，有了连接片编号，才能将屏上的连接片与图纸中的回路相对应，连接片名称有助于理解和记忆，两者缺一不可。规范的保护连接片命名是正确投停保护连接片的根本保证，但是由于缺乏统一的标准，随着保护制造厂家的增多，连接片命名不统一，导致了相同功能的连接片具有不同的命名，相同命名的连接片具有不同的功能，保护连接片数量繁多，给现场运行带来了很大的困难。DL/T 317—2010《继电保护设备标准化设计规范》提出了继电保护"六统一"的概念，即功能配置统一的原则，回路设计统一的原则，端子排布置统一的原则，接口标准统一的原则，屏柜压板统一的原则，保护定值、报告格式统一的原则。其中"屏柜压板统一的原则"，对继电保护连接片数量、颜色进行规范，对连接片进行优化设计，减少不必要的连接片，以方便现场运行。本节讨论主要讨论"六统一"中提到的 220kV 线路、母线、变压器保护的连接片及其回路。

（1）220kV 线路保护连接片。双母线接线的 220kV 线路保护的出口连接片主要包括保护分相跳闸出口、分相启动失灵出口、重合闸出口、三跳启动失灵等连接片；功能连接片主要包括纵联保护投/退、保护检修状态投/退、停用重合闸投/退等连接片。

如图 2-10 所示，1CLP1、1CLP2、1CLP3 是保护分相跳闸出口连接片，通常命名"×相跳闸出口"，保护动作，经此连接片动作于断路器跳闸，正常投入。要求本保护屏整屏停用时，此连接片退出。

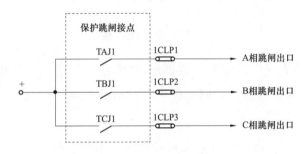

图 2-10　保护跳闸连接片

如图 2-11 所示，1SLP1、1SLP2、1SLP3 是分相启动失灵连接片，通常命名为"×相启动失灵"，保护动作，经此连接片将保护跳闸接点送至母线保护，启动断路器失灵保护，正常投入。要求本保护屏整屏退出或者线路保护停用校验时，连接片退出。

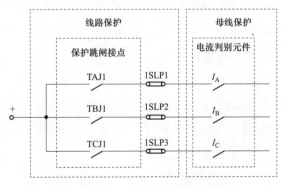

图 2-11　启动失灵连接片

如图 2-12 所示，1CLP4 是重合闸出口连接片，重合闸动作，通常命名为"重合闸出口"，经此连接片动作于断路器合闸。要求重合闸投入时，连接片投入；要求本保护重合闸停用时，连接片退出。需要明确的是，退出此连接片，只代表本装置重合闸出口退出，不代表线路重合闸停用，保护仍然是选相跳闸，不影响另一套保护的重合闸功能。

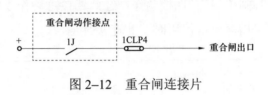

图 2-12　重合闸连接片

"三跳启动失灵"连接片正常退出。"六统一"要求，三相不一致保护不启动失灵，而其他三相跳闸的保护不必启动失灵（详细分析见第三章第二节）。

"停用重合闸"连接片，常见命名还有"沟通三跳"，其含义是既放电，又闭锁重合闸，并沟通三跳。投入此连接片时，代表线路重合闸停用，因此仅在要求停用线路重合闸时投入。常规变电站的"停用重合闸"控制字、软压板和硬压板三者为"或门"逻辑，投上任何一个，线路重合闸停用。

"纵联保护投/退"连接片是功能连接片，控制纵联保护功能的投退，正常投入，当要求停用本保护的纵联保护时，连接片退出。

"保护检修状态投/退"连接片是功能连接片，投入时，闭锁保护装置向外发出各类信号，防止保护校验时，将错误的信息发送给监控人员干扰监控人员的判断。在保护装置检修时，连接片投入。

（2）母线保护连接片。双母线接线母线保护的出口连接片主要包括各支路跳闸出口，功能连接片主要包括差动保护投/退、失灵保护投/退、母联充电过电流保护投/退、母线互联投/退、检修状态投/退等。对双母线双分段接线，还应该设置启动分段失灵连接片。

"支路跳闸出口"通常命名为"××（设备名称+断路器编号）跳闸出口"，"六统一"要求失灵保护应与母差保护共用出口，母差或断路器失灵保护动作，经此连接片作用于相应支路的断路器跳闸，正常投入。

变压器支路由于变压器断路器失灵的特殊性，连接片较复杂，如图 2-13 所示，CLP 连接片属于上述"支路跳闸出口"连接片之一，在母差、断路器失灵保护动作时，经此连接片作用于变压器本侧断路器跳闸，正常投入。SLP 连接片通常命名为"××（主变压器本侧断路器编号）失灵联跳×号（"×"为变压器编号，1，2，3，……）变压器各侧"，本变压器支路断路器失灵时，经此连接片联跳本变压器的其他侧断路器，变压器中、低压侧有电源时应投入（对照第三章第二节，有助于本段的理解）。

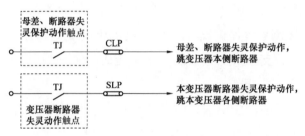

图 2-13　变压器支路有关连接片

差动保护投/退、失灵保护投/退、母联充电过电流保护投/退等，都是功能连接片，投入后，相应的保护功能投入。

"母线互联投/退"，双母线接在两段母线运行于互联方式下，如两条母线经隔离开关互联、倒闸操作的需要使母联断路器操作回路失电，母差保护的故障母线选择功能退出，母差保护动作，切除两段母线。此连接片应根据运行方式投退。特别要注意的是，尽管母线保护具有自动互联回路，但是实际倒闸操作过程中出现过自动互联回路没有可靠启动，导致母线故障母差保护拒动的事故，因此，在母线倒闸操作过程中，必须投入"母线互联投/退"连接片，在互联继电器启动后再进行倒闸操作。倒闸操作结束后退出。常规变电站的"母线互联投/退"软、硬连接片采用"或"逻辑。

"母联分列投/退"连接片，双母线接线，在母线分列运行时使用，以防止母线分列运行时母差保护灵敏度降低而不动作。投入后，大差比率差动元件自动转用比率制动系数低值。此连接片应根据运行方式投退。

"检修状态投/退"连接片功能与线路保护相同。

（3）变压器保护。220kV 电压等级变压器（以变压器高中压侧双母线接线，低压侧双分支单母分段接线的三绕组变压器为例）的保护出口连接片主要包括：跳高压侧断路器、启动高压侧失灵保护、解除高压侧失灵电压闭锁、跳高压侧母联断路器；跳中压侧断路器、跳中压侧母联断路器、闭锁中压侧备自投；跳低压 1 分支、跳低压 1 分支分段、闭锁低压 1 分支备自投；跳低压 2 分支、跳低压 2 分支分段、闭锁低压 2 分支备自投；保护功能连接片主要包括：主保护投/退、高压侧后备保护投/退、高压侧电压投/退、中压侧后备保护投/退、中压侧电压投/退、低压 1 分支后备保护投/退、低压 1 分支电压投/退、低压 2 分支后备保护投/退、低压 2 分支电压投/退、检修状态投/退等。

跳变压器各侧断路器、跳各侧母联（分段）断路器连接片，通常命名为"××（断路器编号）跳闸出口"，保护动作，经此连接片动作于断路器跳闸，跳变压器各侧断路器连接片正常投入，跳各侧母联（分段）断路器连接片应根据需要及运行方式投退。如定值中不要求跳高压侧母联（分段）断路器，则跳高压侧母联（分段）连接片应永久退出；如低压侧母联（分段）断路器正常备用，则跳低压侧母联（分段）断路器连接片正常应退出。

闭锁备自投连接片，通常命名为"闭锁××（断路器编号）自投"，应根据需要投退。当配置有备自投装置，且定值要求闭锁备自投时，连接片投入。

变压器保护含有差动、瓦斯、各种后备保护，动作目的各不相同，如果每种保护分别对应各自的跳闸回路，将使回路异常复杂，连接片数量庞大，而且不易改变，因此保护制造厂家都采用了跳闸矩阵的方式，在装置内部将保护功能与跳闸出口对应。某一变压器保护装置一侧保护的跳闸矩阵见表 2-3。

表 2-3 变压器保护跳闸矩阵

位数	保护元件	跳本侧断路器	跳本侧母联	跳各侧断路器	跳闸出口1	跳闸出口2	闭锁备投
D0	复流 I 段 I 时限	0	1	0	0	0	1
D1	复流 I 段 II 时限	1	1	0	0	0	1
D2	复流 I 段 III 时限	1	1	1	1	1	1
D3	复流 II 段 I 时限	0	1	0	0	0	1
D4	复流 II 段 II 时限	1	1	0	0	0	1
D5	复流 II 段 III 时限	1	1	1	1	1	1
D6	复流 III 段 I 时限	1	1	1	0	0	1
D7	复流 III 段 II 时限	1	1	1	1	1	1
D8	备用	0	0	0	0	0	0
D9	零流 I 段 I 时限	0	1	0	0	0	1
D10	零流 I 段 II 时限	1	1	0	0	0	1
D11	零流 I 段 III 时限	1	1	1	1	1	1
D12	零流 II 段 I 时限	1	1	0	0	0	1
D13	零流 II 段 II 时限	1	1	0	0	0	1
D14	间隙保护 I 时限	0	1	0	1	0	1
D15	间隙保护 II 时限	1	1	1	1	0	1

在保护元件与要动作的出口跳闸继电器的空格处填 1，其他空格填 0，则可得到跳闸方式。对于每组出口，各得到一组二进制数，即为定值中各个出口的 16 进制形式的跳闸控制字。

从表 2-3 中可以看出，改变某一保护功能的动作目的，只需要改变控制字，方便灵活。

根据"六统一"要求，启动高压侧失灵保护、解除高压侧失灵电压闭锁连接片，如图 2-14 所示，分别将变压器保护的动作接点引入母线保护屏，与母线保护中的断路器失灵保护功能配合共同构成变压器断路器失灵保护。变压器保护启动失灵没有经变压器保护辅助柜，鉴于变压器设备的重要性，考虑用原始接点启动失灵，可以有效防止中间环节出问题。同时双重化配置的电气量保护与失灵保护可采用一对一启动方案。

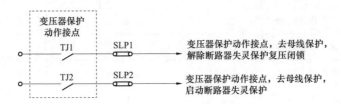

图 2-14 变压器失灵启动连接片

要求变压器断路器失灵保护投入时，连接片投入，在变压器保护有工作或异常时，连接片退出。

"主保护投/退""高压侧后备保护投/退""高压侧电压投/退""中压侧后备保护投/退""中压侧电压投/退""低压 1 分支后备保护投/退""低压 1 分支电压投/退""低压 2 分支后备保护投/退""低压 2 分支电压投/退"等，都是功能连接片，投入后，相应的保护功能投入。"六统一"对变压器保护的功能连接片进行了精简，只设置了各侧后备保护投/退连接片，后备保护中具体保护功能的投退，由保护控制字实现。

"检修状态投/退"连接片功能与线路保护相同。

"高压侧电压投/退""中压侧电压投/退""低压侧电压投/退"表示本侧电压投入，连接片正常投入，当某侧 TV 检修时，退出该侧电压投入连接片，连接片退出后，仅解除该侧复合电压功能，即该侧电压元件动作不开放保护，以其他侧 TV 判别复压是否满足。

第三章

继电保护应用专题分析

随着电网的飞速发展，经历了继电保护反措、城网改造、继电保护的新建及改建工程等。在电网建设的各项工程中，遇到各种各样的新问题，每解决一个问题，就会有一些收获。本章把在工作中遇到的问题作为继电保护整定和运行的特例，进行专题分析。在面临新问题时，应以保证电力系统的安全稳定运行为根本，以规程规定为依据，结合电网实际，在原有理论体系上创新发展，妥善解决新问题。

第一节　变压器限时速断保护的应用分析

随着电网规模扩大，系统的短路电流不断增大，短路时大电流的冲击严重威胁着变压器的安全，尤其是变压器外部出口短路，由于短路电流大，故障切除时间长，由此造成的变压器损坏已经成为一个普遍而严重的问题。针对这一问题，山东电力调度中心曾于1997年制定相关办法，要求增设变压器限时速断保护。至今，变压器限时速断保护在山东电网已经运行十余年，对保护变压器安全发挥着重要作用。

一、增设限时速断保护前的状况

GB/T 14285—2016《继电保护和安全自动装置技术规程》4.3.5 规定：对外部相间短路引起的变压器过电流，变压器应装设相间短路后备保护。DL/T 559—2018《220kV～750kV 电网继电保护装置运行整定规程》7.2.14.1规定：变压器各侧的过电流保护按躲过变压器额定负荷整定，但不作为短路保护的一级参与选择性配合，其动作时间应大于所有出线保护的最长时间。按照逐级配合原则，该保护的动作时间较长，以 220kV 变压器的 110kV 侧复合电压方向过电流为例，与 110kV 出线保护配合后，时间均在 3s 左右，无法快速切除变压器外部出口短路。

二、限时速断保护的配置方案

在降压变压器的中、低压侧增设一段三时限保护，分别作用于本侧母联（分段）断路器、本侧断路器、总出口。目前广泛采用微机保护，多数厂家的保护装置都能够满足此要求。通过设定合适的整定值，以较快的速度切除变压器外部出口短路，可以有效保证变压器的安全。我们称增设的这一段保护为变压器的限时速断保护。

三、限时速断保护的整定原则

增设的限时速断保护主要是为了切除变压器外部出口处的严重故障，因此，满足母线故障灵敏度足够即可。具体整定原则如下：

（1）与本侧出线的速断保护配合。

（2）保证本侧母线故障灵敏度足够，灵敏系数不小于 1.5。

（3）动作时间：带一个时间级差作用于本侧母联（分段）断路器以缩小故障范围；带两个时间级差作用于本侧断路器；带三个时间级差作用于总出口。

设置作用于总出口的时限，是为了解决变压器中、低压侧断路器失灵的问题。

《国家电网有限公司十八项电网重大反事故措施（2018 年修订版）》中规定：为提高切除变压器低压侧母线故障的可靠性，宜在变压器的低压侧设置取自不同电流回路的两套电流保护。但是，这仅仅是解决了保护拒动的问题，并不能解决断路器失灵的问题。实际运行中，断路器失灵的现象是客观存在的。这时，只能依赖于变压器高压侧的复合电压闭锁过电流保护，但是该保护动作时间较长，更严重的是，随着高阻抗变压器的应用，由于高阻抗变压器低压侧阻抗要大得多，该保护可能对低压侧故障没有灵敏度。

由于变压器低压侧阻抗大，当低压侧故障时，故障电流大大减小，使高压侧复合电压闭锁过电流对低压侧故障失去灵敏度，无法切除故障，其中两台变压器（中压侧并列低压侧分列）的变电站尤为严重。

当低压侧保护设置动作于总出口的时限后即可解决该问题。

四、增加变压器限时速断保护后出现的问题

（1）随着 35kV 变电站所带变压器容量的增大，变压器 35kV 侧的限时速断保护与出线保护难以配合。

（2）部分 220kV 变压器 110kV 侧的限时速断保护对母线故障无灵敏度，无法投入。

五、问题的相应解决措施

变压器限时速断保护对保护变压器安全运行发挥着不可替代的作用。合理解决上述问题，将使变压器限时速断更好地发挥作用。

1. 变压器 35kV 侧限时速断与出线保护难以配合问题的解决

当 35kV 线路保护的速断保护定值过大时，变压器的限时速断保护与之配合后，无法保证对母线的灵敏度，两台变压器并列运行时尤为严重。这时，限时速断保护形同虚设，将造成拒动。如果不考虑与出线配合，仅仅保证母线故障灵敏度，将造成越级动作。这些都是不可取的。

要解决这个问题，一是要求 35kV 线路保护配置三段保护；二是需要将限时速断保护的整定原则由与出线的速断保护配合变更为与出线的速断保护或限时速断保护配合。具体做法如图 3-1 所示，QF2 配置三段保护，其中Ⅱ段必须保证对线末故障有规程规定的灵敏度，在此基础上，首先按躲 35kV变压器低压侧故障整定（如 35kV 变电站两台变压器并列运行，则考虑并列运行的方式），如果能保证线末故障灵敏度，Ⅱ段动作时间整定为 0.3s；如果躲不过两台变压器，则躲单台变压器，Ⅱ段时间与 QF1 的限时速断保护作用于低压侧母联（分段）断路器的动作时间配合，整定为 0.6s；如果仍躲不过，Ⅱ段时间与 QF1 的限时速断保护作用于本侧断路器的时间配合，整定为 0.9s。QF4 的限时速断保护首先与 QF2 的Ⅰ段配合，如果对母线故障没有灵敏度，则与 QF2 的Ⅱ段配合，动作时间视具体情况，可能是 0.6s/0.9s/1.2s/1.5s。大量计算证明，这样做比较容易保证灵敏度。用增加一点时间换取保护的灵敏

性与选择性，应该是可取的，况且最长动作时间为 1.5s 跳本侧，仍小于《国家电网有限公司十八项电网重大反事故措施（2018 年修订版）》中 2s 的要求。

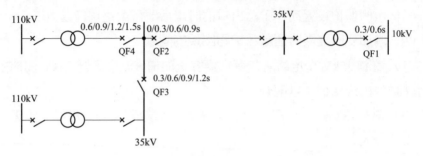

图 3-1　主变压器保护与线路保护配合关系

2. 220kV 变压器 110kV 侧限时速断保护对母线故障无灵敏度问题的解决

在目前的应用中，220kV 变压器 110kV 侧的限时速断保护多采用电流保护，110kV 出线多采用距离保护。由于 110kV 出线多级串供或所带变压器容量大，变压器 110kV 侧的限时速断保护即使与出线的距离 II 段配合，仍然对母线故障没有灵敏度，因此无法投入。而阻抗保护很容易灵敏性与选择性兼顾，所以在电流保护灵敏度不能满足要求时，在变压器 110kV 侧配置一段阻抗保护可以很好地解决该问题。

六、限时速断保护意义的延伸

变压器限时速断保护应用至今，其意义已经不仅仅是保护变压器安全了，而是作为一级配合段参与到整定配合中。

随着变压器容量的增大，按照近后备原则整定的 220kV 线路的距离保护、35kV 线路的限时电流速断保护越来越难以做到躲过变压器其他侧故障与保证线末故障灵敏度兼顾。这时，变压器的限时速断保护即可作为一级配合段参与进来，线路保护与之配合，既可以保证选择性，又可以保证灵敏性。

第二节　断路器失灵保护的应用分析及优化

断路器失灵保护是指故障电气设备的继电保护动作发出跳闸命令而断

路器拒动时，利用故障设备的保护动作信息与拒动断路器的电流信息构成对断路器失灵的判别，能够以较短的时限切除同一母线上其他有关的断路器，使停电范围限制在最小，从而保证整个电网的稳定运行，避免造成发电机、变压器等故障元件的严重烧损和电网的崩溃瓦解事故。

在图 3-2 中，当 k_1 点发生短路时，若 QF6 拒动，则装于变电站 S 的断路器失灵保护应动作，以短时限跳开 QF9，以长时限跳开 QF4，将故障切除。如果没有失灵保护，QF1、QF2、QF7 将跳闸，导致变电站 S 全站停电。更严重的是如果故障点靠近 QF8，QF1、QF2、QF7 后备保护到 k_1 点灵敏度不足，不能够跳闸，将无法切除故障，造成设备严重损坏。因此，断路器失灵保护在保证电网的安全稳定运行、保障设备的安全有着重要的意义（说明：本文不适用于 3/2 断路器接线方式）。

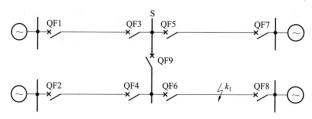

图 3-2　线路故障示意图

一、失灵保护的构成分析

（一）Q/GDW 1175—2013 相关规定

Q/GDW 1175—2013《变压器、高压并联电抗器和母线保护及辅助装置标准化设计规范》中 7.2.3 条的规定：

（1）失灵保护应与母差保护共用出口回路。

（2）应采用母线保护装置内部的失灵电流判别功能；各线路支路共用电流定值，各变压器支路共用电流定值；线路支路采用相电流、零序电流（或负序电流）"与门"逻辑；变压器支路采用相电流、零序电流（或负序电流）"或门"逻辑。

（3）线路支路应设置分相和三相跳闸启动失灵开入回路，变压器支路应设置三相跳闸启动失灵开入回路。

（4）"启动失灵"、"解除失灵保护电压闭锁"开入异常时应告警。

（5）母差保护和独立于母线保护的充电过电流保护应启动母联（分段）断路器失灵保护。

（6）为缩短失灵保护切除故障时间，失灵保护宜同时跳母联（分段）断路器和相邻断路器。

（7）为解决某些故障情况下，断路器失灵保护电压闭锁元件灵敏度不足的问题：对于常规变电站，变压器支路应具备独立于失灵启动的解除电压闭锁的开入回路，"解除电压闭锁"开入长期存在时应告警，宜采用变压器保护跳闸触点解除失灵保护的电压闭锁，不采用变压器保护各侧复合电压动作触点解除失灵保护电压闭锁，启动失灵和解除失灵电压闭锁应采用变压器保护不同继电器的跳闸触点；对于智能变电站，母线保护变压器支路收到变压器保护"启动失灵"GOOSE命令的同时启动失灵和解除失灵电压闭锁。

（8）含母线故障变压器断路器失灵联跳变压器各侧断路器的功能。母线故障，变压器断路器失灵时，除应跳开失灵断路器相邻的全部断路器外，还应跳开该变压器连接其他电源侧的断路器，失灵电流再判别元件应由母线保护实现。

（二）220kV 线路失灵保护分析

1. 启动 220kV 线路失灵保护的方式

（1）线路的失灵启动装置中的相电流判别元件接点与线路保护该相保护动作触点串联后，提供给母线保护，经过母线保护中的母线运行方式识别元件判定失灵断路器所在母线，满足失灵保护电压闭锁条件后，经较短时限跳开母联断路器，再经一时限切除失灵断路器所在母线的各个连接元件，其启动母线失灵保护逻辑原理参见图 3-3。

（2）线路保护装置向母线保护提供保护动作触点，使用母线保护中的电流判别元件，经过母线保护中的母线运行方式识别元件判定失灵断路器所在母线，满足失灵保护电压闭锁条件后，经较短时限跳开母联断路器，再经一时限切除失灵断路器所在母线的各个连接元件。其启动母线失灵保护逻辑原理如图 3-4 所示。

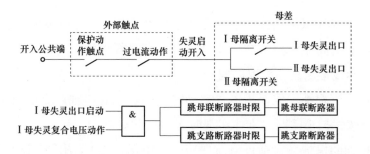

图 3–3　采用线路保护中电流判别元件时失灵保护逻辑原理图

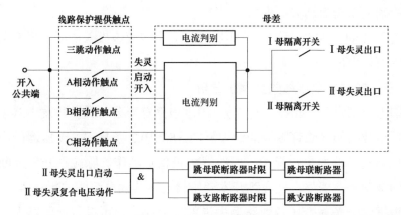

图 3–4　采用母线保护内部电流判别元件时失灵保护逻辑原理图

Q/GDW 1175—2013 7.2.2 中（3）规定：应采用母线保护装置内部的失灵电流判别功能。从回路的连接上看，前述第 2 种启动方式，线路保护与母线保护一一对应，更符合双重化的要求，并且线路保护不需要配置辅助装置，节省投资。而第 1 启动种方式，失灵电流判别需要在线路保护的辅助保护装置中实现，辅助装置是单套配置的，线路保护动作接点需要接入辅助装置，经电流判别后再分别接入母线保护装置中，并不是完全意义一一对应的双重化，而且回路复杂，因此随着设备改造，逐步改为第 2 种启动方式。

2. 启动 220kV 线路失灵保护的保护

（1）用线路的主保护、后备保护动作，启动分相跳闸继电器，经分相动作触点启动失灵。

（2）用母线保护动作，启动三相跳闸继电器，经三相动作触点启动失灵；实际上，高频保护中的母差跳闸停信和光纤保护中的远跳功能已经解决了故障母线上断路器失灵的问题。

（3）由三相不一致保护本身启动时，经三相动作触点启动失灵保护；三相不一致保护由断路器本体实现时无法启动失灵。

（4）辅助保护（包括过电流保护、充电保护等）动作，启动三相跳闸继电器，经三相动作触点启动失灵。由于辅助保护正常是退出的，所以不必要由辅助保护启动失灵保护。

对于 220kV 线路保护，分相启动失灵保护应该投入，而三相启动失灵保护则可以退出。

（三）220kV 变压器失灵保护分析

国家电网设备〔2018〕979 号《国家电网有限公司关于印发十八项电网重大反事故措施（修订版）的通知》中 15.2.10.2 条规定，变压器的电气量保护应启动断路器失灵保护，断路器失灵保护动作。除应跳开失灵断路器相邻的全部断路器外，还应跳开本变压器连接其他电源侧的断路器。

根据这一条对变压器断路器失灵保护的要求，可以将变压器失灵保护应该解决的问题分以下两部分进行讨论。

1. 解决变压器保护范围内故障变压器断路器失灵的问题

断路器失灵后，启动母线保护中的断路器失灵保护，跳开与失灵断路器位于同一母线上的设备。这一部分与线路的断路器失灵保护基本相同。所不同的是：① 变压器只有三相启动失灵；② 变压器支路采用相电流、零序电流、负序电流"或门"逻辑；③ 为解决变压器中、低压侧故障电压元件灵敏度不足的问题，设有解除复压闭锁的回路。

变压器的电气量保护，均启动变压器失灵保护。非电量保护动作后不能快速自动返回，容易造成误动，因此非电量保护不启动失灵。变压器断路器失灵保护动作逻辑如图 3-5 所示。

2. 解决母线保护范围内故障变压器断路器失灵的问题

母线保护动作且变压器断路器失灵时，由母线保护完成母线故障启动变压器失灵联跳，跳开变压器连接其他电源侧的断路器。

二、失灵保护的整定分析及优化

Q/GDW 1175—2013 7.2.3 b）规定，应采用母线保护装置内部的失灵电流判别功能；各线路支路共用电流定值，各变压器支路共用电流定值；线路支路采用相电流、零序电流（或负序电流）"与门"逻辑；变压器支路采用相电流、零序电流、负序电流"或门"逻辑。以下按此规定对失灵保护装置中主要判别元件的整定进行分析。

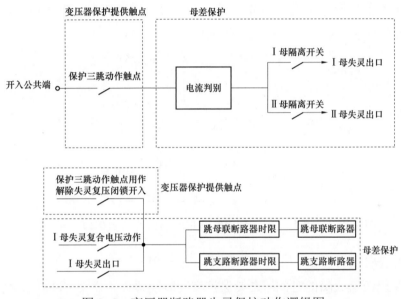

图 3-5　变压器断路器失灵保护动作逻辑图

（一）电流判别元件分析

1. 线路支路

按保证线路末端故障有足够的灵敏度，灵敏系数大于 1.3，并且尽可能躲过正常运行负荷电流。负序电流和零序电流判别元件的定值一般应不大于 300A，对不满足精确工作电流要求的情况，可适当抬高定值。考虑到断路器失灵保护的动作逻辑，即以较短时限跳开母联断路器，以长时限跳开与拒动断路器连接在同一母线上的所有电源支路的断路器，计算电流判别元件定值时，应该分别计算母联断路器断开前后的灵敏度。根据规程规定常见运行方式，应考虑一回线或一个元件检修的方式。因此对于双母线接线（或单母线分段接线）的变电站，当线路不大于 5 回时，当母联（分段）断路器跳开后，故障电流通过变压器中（低）压侧流向故障点，存在电流判别元件灵敏度不足的可能。

如图 3-6 所示，当线路 2 停电检修，QF2 断开，线路 1 发生相间故障而且 QF1 拒动时，线路失灵保护动作跳开母联断路器，故障电流 i 只有通过变压器中（低）压侧流向故障点，由于变压器阻抗大，电流很小，电流判别元件就有可能存在灵敏度不足的问题。

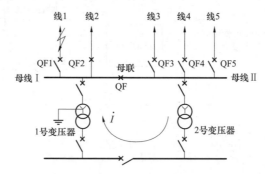

图 3-6　故障失灵保护动作跳开母联断路器后故障电流示意图

解决问题的方法：根据 Q/GDW 1175—2013 7.2.3 中 f) 的规定，为缩短失灵保护切除故障的时间，失灵保护宜同时跳母联（分段）和相邻断路器。失灵保护动作 0.25s 跳母联（分段）断路器的同时跳失灵断路器所连接母线的其他断路器，经过反复分析研究，这种方式能够缩短失灵保护切除故障时间，同时很好地解决了母联断路器断开后灵敏度不足的问题，并无副作用。

Q/GDW 1175—2013 对断路器失灵保护的电流判别做了调整，符合 Q/GDW 1175—2013 的母线保护装置，线路支路的相电流定值的作用是无流门槛，定值在装置内部设定，不需整定。需要整定失灵零序电流定值和失灵负序电流定值。失灵零序电流定值应保证所有线路末端单相接地故障时有足够的灵敏度。失灵负序电流定值应保证所有线路末端相间故障时有足够的灵敏度。

2. 变压器支路

变压器支路的电流判别元件，要分别考虑故障点位于变压器各侧母线时流过变压器失灵断路器的故障电流，应保证有 1.3 及以上的灵敏系数，并且尽可能躲过变压器正常运行负荷电流。

对于高阻抗变压器或其他侧具有小电源的变压器，为保证灵敏系数，电流判别元件需要整定较小的动作值。

应该注意的是具有两台变压器的 220kV 变电站，通常 220kV 侧保持一台变压器中性点直接接地，另一台变压器经放电间隙接地。当不直接接地变压器所在 220kV 母线发生单相接地故障，变压器 220kV 侧断路器失灵时，或者当不直接接地变压器所在 220kV 母线的 220kV 线路发生单相接地故障，线路断路器失灵，断路器失灵保护动作跳开母联断路器后，由于失去接地点，电流判别元件可能不会动作，需要由变压器本身的间隙保护动作切除故障。

（二）时间元件分析

以较短时限（大于故障线路或电力设备跳闸时间及保护装置返回时间之和）断开母联（分段）断路器；再经一时限断开失灵断路器所在母线的其他连接元件的断路器。为缩短失灵保护切除故障的时间，失灵保护宜同时跳母联（分段）和相邻断路器，动作时间应大于故障线路或电力设备跳闸时间及保护装置返回时间之和。

（三）负序电压、零序电压和低电压闭锁元件分析

应综合保证本线路末端发生短路时有足够的灵敏度，其中负序电压、零序电压元件应可靠躲过正常情况下的不平衡电压，低电压元件应在母线最低运行电压下不动作，而在切除故障后能够可靠返回。

需要注意的是，当断路器失灵保护的出口回路与母线差动保护共用时，母差保护和失灵保护复合电压闭锁电压定值应该分开整定，其原因具体如下。

（1）母差保护是作为母线的主保护，它的保护范围就是母线及各个出线开关 TA 靠母线侧的所有电气一次部分，保护范围是很小的，对于它保护

范围内的各种类型的短路故障，低电压、负序电压、零序电压的灵敏度都比较高，所以这几项定值取值范围都比较大。

（2）失灵保护是作为该电压等级的所有线路元件的后备保护，当较长的高压线路末端故障，母线 TV 所感受到的零序电压、负序电压就相对母线故障时小得多，而反映对称故障的低电压相对母线故障又较高。

因此，当断路器失灵保护的出口回路与母线差动保护共用时，母差保护和失灵保护复合电压闭锁电压定值应该分开整定，为保证失灵保护可靠动作，失灵保护的低电压定值要比母线保护的高一些；负序、零序电压定值要比母线保护的低一些。

符合 Q/GDW 1175—2013 的母线保护装置，母差保护复合电压闭锁电压定值在装置内部设定，不需整定，只需整定失灵保护复合电压闭锁电压定值。

（四）上一级线路的接地距离二段动作时间分析

根据有关规程的要求，当断路器拒动时（只考虑一相断路器拒动），且断路器失灵保护动作时，双母线接线应保留一组母线运行。为此上一级线路的接地故障保护第二段的动作时间应比断开母联断路器或分段断路器时间大于 0.25～0.3s。

三、失灵保护运行注意事项

失灵保护在日常的运行维护中，以下情况应引起注意。

（1）双母线并列运行而且某一段母线电压互感器检修时，通常是通过电压互感器切换把手将检修电压互感器的二次回路与运行电压互感器的二次回路并在一起。如果此时检修电压互感器所在母线的出线发生故障，断路器失灵，保护先跳母联断路器，再跳线路断路器时，为了确保失灵保护能可靠切除故障，可采取以下措施：

1）将失灵保护跳母联断路器的连接片断开，这将使两条母线同时跳开。

2）对于失灵保护动作延时 0.25s 跳母联（分段）断路器的同时跳失灵断路器所连接母线的其他断路器的方式，上述问题将不再存在。

（2）由于失灵保护误动引起的严重后果，应严格要求：配置有失灵保护的元件停电或其保护装置故障、异常、停用，应解除其启动失灵保护的回路或停用该开关的失灵保护。失灵保护故障、异常、试验，必须停用失灵保护，并解除其启动其他保护的回路（如母差保护）。

失灵保护动作后将跳开母线上的各断路器，影响面很大，因此要求失灵保护十分可靠。断路器失灵保护二次回路涉及面广，与其他保护、操作回路相互依赖性高，投运后很难有机会再对其进行全面校验。因此，在安装、调试及投运试验时应把好质量关，确保不留隐患；在失灵启动元件中不能使用非电量保护的出口接点，合理地采用断路器失灵保护运行整定方式，对提高失灵保护可靠性，保证电网安全经济运行有重要的意义。

第三节 备用电源自投装置的应用分析

随着国民经济的发展和人民生活水平的不断提高，对电力系统可靠性的要求越来越高，通过电网改造和建设，110kV 网架按照环网设计、开环运行的思路，多数变电站达到一主一备供电，为保证供电可靠性，在开环运行的变电站加装备用电源自动投入装置（简称备自投装置）。当主供电源发生故障后，备用电源自动投入运行，恢复对用户的供电，提高供电可靠性。但若不正确使用会自投于故障点，使事故扩大。

一、典型的备自投装置

降压变电站的典型接线是两条进线，两台变压器分列运行或一台运行一台备用，如图 3-7所示。若正常运行时，一台变压器带两段低压母线并列运行，另一台变压器作为备用，采用变压器备自投；若正常运行时，两段低压侧母线分列运行，每台变压器各带一段低压侧母线，两段低压侧母

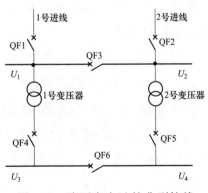

图 3-7 降压变电站的典型接线

线互为备用，采用低压侧分段备自投；若正常运行时，一条进线带两段高压侧母线并列运行，另一条进线作为备用，采用进线备自投；若正常运行时，每条进线各带一段高压侧母线，两条进线互为备用，采用桥开关分段备自投。

二、备自投装置的基本要求

备自投装置应符合下列要求：

（1）应保证在工作电源或设备断开后，才投入备用电源或设备。

（2）工作电源或设备上的电压，不论因何原因消失时，自动投入装置均应动作。

（3）自动投入装置应保证只动作一次。

为保证备自投装置只动作一次，充电的基本条件是：

（1）工作电源和备用电源工作正常，均符合有压条件。

（2）工作断路器和备用断路器位置正常，即工作断路器合位、备用断路器跳位。

（3）无放电条件。

三、备自投装置的整定

（1）低电压元件整定。低电压元件应能在所接母线失压后可靠动作，而在电网切除故障后可靠返回。通常按30%额定电压整定。

（2）有压检测元件整定。有压检测元件应能在所接母线电压正常时可靠动作，而在母线电压低到不允许自投装置动作时可靠返回。通常按70%额定电压整定。

（3）动作时间整定。电压鉴定元件动作后延时跳开工作电源，动作时间宜大于本线路电源侧有灵敏度段保护动作时间与线路重合闸时间之和。应该注意的是，备自投装置应保证上一级备自投先动作。

（4）无流定值整定。为避免TV断线备自投装置误动作，也为了更好地确认断路器已跳开，目前的微机装置多采用无流闭锁，无流定值应小于最小负荷电流。

四、运用备自投装置注意事项

（1）备自投的闭锁问题。为避免自投于故障点，某些保护装置动作应闭锁备自投装置，如图 3-8 所示。

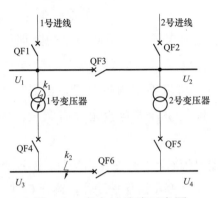

图 3-8　变电站故障示意图

1）当采用进线自投时，1 号进线正常运行，2 号进线备用自投。假设 1 号变压器（k_1 点）故障，1 号变压器保护动作，跳开 QF1、QF3、QF4 后，2 号进线自动投入，2 号变压器恢复供电，这种情况不需要闭锁备自投。

2）符合 Q/GDW 10766—2015 的备自投装置，增加了内桥断路器偷跳后的自投功能，即若内桥断路器偷跳，经跳闸延时补跳内桥断路器及失压母线联切出口，确认内桥断路器跳开后，延时合备用进线断路器。主变压器保护动作与内桥断路器偷跳的结果是相同的，如图 3-8 所示，当 2 号进线运行，1 号进线备用自投时，假如 1 号变压器（k_1 点）故障，1 号变压器保护动作，跳 QF1、QF3、QF4，U_1 降为零，与内桥断路器偷跳后的结果相同，但如果不采取闭锁措施，备自投将合上 QF1，自投于故障点，这种情况需闭锁备自投，符合 Q/GDW 10766—2015 的备自投装置，有变压器保护动作开入，相应的变压器保护动作后，自投装置进行相应的闭锁，因此设计时应将变压器保护动作接入正确的位置，不能接入备自投总闭锁回路。

3）当采用桥开关 QF3 自投时，1 号、2 号进线分列运行，QF3 备用自投。假如 1 号变压器（k_1 点）故障，1 号变压器保护动作，跳开 QF1、QF4，

QF3 自投装置动作将自投于故障点，这种情况需要闭锁备自投。通常变压器的主保护和后备保护动作都闭锁桥开关自投。符合 Q/GDW 10766—2015 的备自投装置，接入变压器保护动作，即可实现对桥开关的闭锁。

变压器的后备保护主要是指变压器的高压侧后备保护：高压侧过电流保护、高压侧零序过电流保护、高压侧放电间隙保护。尽管使 110kV 变压器高压侧零序过电流保护、高压侧放电间隙保护动作的故障一定在 110kV 部分，保护动作可以不闭锁备自投，但是由于保护的动作目的是跳变压器各侧开关，即使桥开关自投也没有意义，因此闭锁桥开关自投更好。

4）当采用变压器自投时，1 号变压器运行，2 号变压器备用自投，QF3 断开。假设 k_1 点故障，1 号变压器保护动作，跳开 QF1、QF4，2 号变压器自投成功后，恢复全站供电，这种情况不需要闭锁自投。假设低压母线（k_2 点）故障，如果 QF6 本身未配置保护，1 号变压器低压侧后备保护一时限跳 QF6，二时限跳 QF4，2 号变压器自投成功后带剩下的一段母线运行；如果 QF6 本身配置保护并投入，变压器低压侧后备保护不联跳 QF6，QF4 跳开，2 号变压器自投于故障点，QF6 跳开，保证一段母线的供电。如果 2 号变压器运行，1 号变压器备用自投，假设低压母线（k_2 点）故障，无论 QF6 本身保护，还是 2 号变压器低压侧后备保护，都会使 QF6 跳开，切除故障，2 号变压器带剩下一段母线运行。对于符合 Q/GDW 10766—2015 的备自投装置，在 QF6 跳开后，如果变压器保护动作接入相应的位置，因变压器保护无法区分故障点在哪段母线上，无法避免自投于故障点。通过以上分析，采用变压器自投时，部分情况存在自投于故障点的风险，但是无法有针对性地去闭锁，考虑到变压器低压侧后备保护动作应该是较严重的故障，而且发生的概率较低，因此变压器低压侧后备保护动作可接入备自投总闭锁回路。

5）当采用分段断路器 QF6 自投时，1 号、2 号进线分列运行，QF6 备用自投。假设 k_1 点故障，1 号变压器保护动作，跳开 QF1、QF4，QF6 自投成功后，恢复全站供电，这种情况不需要闭锁自投。假设 k_2 点故障或低压出线开关拒动，QF4 跳开，QF6 自投于故障点，这种情况需要闭锁自投。

通常变压器本侧如果装有限时速断保护和过电流保护，由这两段保护闭锁分段自投。如果只装有限时速断保护，由限时速断保护闭锁分段自投，同时还需要电源侧的过电流保护闭锁分段自投。通过以上分析，以限时速断保护和过电流保护跳分段的时限闭锁自投较好。

6）当备自投装置检测到失压母线后，会切除造成失压的设备，合上备用的开关，恢复失压母线的供电。但当电压互感器回路断开后，其也会检测到母线失压，此时应启动相应的闭锁回路以避免误动，如以进线电流作为闭锁条件。

（2）备自投联切中压侧或低压侧小电源联络线。变压器中压侧或低压侧有小电源并网的，为了防止自投过程中，系统电源断开再合上造成地方小电厂的非同期并列，损坏发电机，应考虑断开电源开关的同时，联切小电源的联络线。

（3）备用电源停电时退出备投装置。当备用电源停电或检修时，自投装置失去动作意义，此时应该退出备投装置，防止误动造成全站失压。

（4）备自投与重合闸的配合问题。在动作时间配合上，重合闸动作应优先于备自投装置动作，特别是在多级串供供电方式下，应仔细分析和计算各级重合闸和自投装置的配合动作时间，确保故障后能优先自动恢复至正常供电方式。在连接回路的配合上，当进线配置有线路保护时，备自投跳进线断路器时，应闭锁进线保护的重合闸。

五、主接线为单母线分段接线或双母线接线的备自投的特殊性

前面的论述是以内桥接线为例进行分析，对于单母线分段接线或双母线接线，由于变压器的保护范围不包括母线，如果有母线保护，母线保护动作应闭锁分段（母联）断路器自投。应注意的是，母线保护动作不应接入备自投总闭锁，而是按照跳该断路器则闭锁该断路器自投的原则，将母线保护跳断路器的接点接入相应的闭锁回路。如图3-9所示，假设母线（k_2）点故障，母线保护动作跳开 QF1、QF3、QF4，此时应由母线保护跳 QF1 的一对触点去闭锁 QF1 自投。

如果没有母线保护，当母线故障时，存在自投于故障点，导致备用电

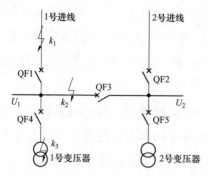

图 3-9 单母线分段接线故障示意图

源跳闸的风险。如图 3-9 所示，假设母线（k_2 点）故障，用进线自投时，1号进线电源侧跳开，2 号进线将自投于故障点，2 号进线电源侧跳闸；用分段自投时，QF3 将自投于故障点，因 QF3 本身并无保护，2 号进线电源侧跳闸。结果不仅导致全站失电，还使电力设备多经受了一次故障冲击，因此必须采取有效措施，在母线故障时闭锁自投。

　　方案一： 如果变电站不存在扩建（如增加变压器、增加线路）的可能，可以将变压器差动保护的范围扩大，包括母线在内，即按内桥接线设计保护，QF4、QF5 仅用于倒闸操作。

　　方案二： QF1、QF2 配置保护，保护动作，闭锁自投。对于 QF1、QF2 的保护，可以只配置一段不经方向的电流保护，该保护仅闭锁自投不跳闸；保护的整定应保证其对母线故障的灵敏度大于电源侧对线末故障有灵敏度段对母线故障的灵敏度。如图 3-9 所示，假设母线（k_2 点）故障，用进线自投时，QF1 保护动作，闭锁自投；分段自投时，也需要闭锁自投。QF1、QF2 的保护不能区分哪段母线故障，因此 QF1 或 QF2 的保护动作，应接入备自投总闭锁。对于方案二，还应考虑的是，如果 1 号或 2 号进线的电源侧保护是按照线路变压器组考虑的，0s 段伸进 1 号或 2 号变压器，如果因某些原因，1 号或 2 号进线的电源侧重合闸无法投入时会误闭锁备自投。如图 3-9 所示，当采用进线自投，1 号进线正常运行，2 号进线备自投。假设 1 号变压器（k_3 点）故障，1 号或 2 号进线电源侧保护动作，QF1 保护动作，1 号变压器保护同时动作跳开 QF4，此时 2 号进线备自投被误闭锁。

　　多年的运行实践表明，备自投装置的正确使用，大大提高了供电可靠性。针对各种不同的情况采取必要的措施，避免自投于故障点，扩大事故。多种类型的自动装置配合运行，应统筹安排、精心设计，以最大限度地发挥其保证电网可靠供电的作用。

第四节 地区热电厂并网引发的电网安全供电探讨

热电联产是提高能源有效利用率的重要途径，随着小型自备发电机并网逐渐增多、容量不断增大，电网结构也趋于复杂，通常 10、110kV 系统的并网比较容易实现，本文主要讨论 110kV 变电站上的 35kV 地区热电厂并网问题。

一、地区热电厂并网主要出现的问题

地区热电厂并网主要出现以下问题：

（1）若 35kV 联络线保护配置不当，不能快速切除联络线故障。

（2）系统短路容量增大。

（3）若故障解列定值与低频减负荷定值之间配合不当，在 110kV 线路发生故障时，安全自动装置动作先于小电源解列。

（4）对于中性点不接地且负荷侧接有地区电源的 110kV 变压器，如果变压器零序电压整定不当，在 110kV 线路故障、110kV 线路系统侧断路器跳闸后，将导致 110kV 变压器零序过电压动作跳开变压器各侧断路器。

（5）在 110kV 线路故障时，若中、低压侧小电源不及时解列将造成 110kV 线路重合闸及备用电源自投装置不动作，使 110kV 变电站全站负荷失电。

（6）中、低压侧装有备用电源自投装置的 110kV 变压器故障时，若中、低压侧小电源不及时解列，将造成中、低压侧分段备用电源自投装置不动作。

因此，为保证电网的安全稳定运行，小电源并网必须根据实际情况制订可行性方案。

二、解决措施

（1）35kV 联络线选择合适的保护配置及低频低压解列定值。为快速切除联络线故障，联络线电厂侧可配置距离保护。若小电厂升压变压器低压侧不带负荷，则联络线系统侧可以配置方向电流保护。在小电厂升压变压器低压侧带负荷情况下，按躲电厂升压变压器低压侧母线故障计算，线末灵敏度不小于 1.5 时（通过大量计算表明，一般 35kV 电压等级升压变压器容量在 8000kVA 以下，升压变压器分列运行时，联络线线末灵敏度不小于 1.5），能快速切除联络线故障，联络线系统侧可配置方向电流保护；若灵敏度不满足要求或考虑扩容，应配置距离保护和 TV 断线过电流保护。

随着光纤通信的迅速发展和广泛应用，纵联差动保护的应用也越来越广，技术也越来越成熟。配置纵联差动保护后，联络线两侧能同时快速切除线路故障，保证全线速动，同时需配置电流保护或距离保护作为后备保护。若采用纵差保护，纵差保护设备一端在供电部门侧，另一端在用户侧，需要加强设备维护管理，提高用户侧保护设备可靠性，使通道及两端保护设备均处于良好的运行状态。对于特短线路和双回线并网的联络线，易配置纵差和后备保护。

低频解列：一般整定 48～49Hz，带 0.2～0.5s 的时限。

低压解列：一般整定（65%～75%）U_N，动作时间应与站内其他出线在电压动作范围内故障时的保护段相配合，一般取 1s 左右。

（2）限制短路容量增大的措施。各热电厂规划机组接入系统前，必须认真计算各相关变电站母线系统短路容量，在任何情况下都满足运行要求，可不予考虑；若满足不了短路容量的运行要求，则必须采取措施限制短路容量或更换一次设备的措施。现有以下几种方案可供选择：

1）方案一。更换开关，提高开关的遮断容量。但此方案工程量大，成本高。

2）方案二。在地区热电厂并网联络线之前装设限流电抗器，限制地方热电厂并网母线的短路容量。此方案可从根本上限制系统短路容量。

3）方案三。限制系统运行方式，即将相关母线分列运行，母线倒换必须采用将电厂解列或停电倒换方式。本方案也可限制系统短路容量，但系统运行方式受地方热电厂开机方式变化的影响。

为了节省资金、减少工程量，根据实际情况可采用方案二与方案三相结合的措施。

（3）故障解列定值与低频减负荷定值之间恰当配合。地区热电厂并网要避免在 110kV 线路发生故障，110kV 线路系统侧保护动作跳闸后，地区小电源短时形成局部独立系统时，低频减负荷装置定值因与联络线低频解列定值配合不当而误动。

例如某地区电源并网系统接线示意如图 3-10 所示。根据系统安全稳定需要，在 110kV 变电站加装了负荷低频减负荷自动装置，若定值为 48.7Hz、0.2s，联络线低频解列定值为 48.5Hz、0.5s。当 110kV 线路发生故障时，系统侧保护动作 QF1 跳闸后，重合闸检无压满足条件 1s 后重合。在 QF1 重合时间内，故障点可能因大电源侧跳开而熄弧，地区小电源短时形成局部独立系统，110kV 变电站负荷由低频减负荷装置先切除，如果频率仍然下降，则联络线解列跳闸，造成 110kV 线路开关还未重合的情况下，设有低频减负荷的 110kV 变电站负荷先被甩掉。因此，若 110kV 线路重合成功，需要人为增加很多操作来恢复对 110kV 变电站负荷的供电。

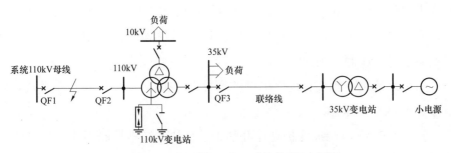

图 3-10　地区电源并网系统接线示意图

为防止 110kV 变电站负荷的低频减负荷装置误动作，110kV 变电站负荷的轮次宜放在特殊轮（如频率为 49.25Hz，时间为 20s）。联络线断路器 QF3 低频解列时间定值可整定的比较短，如取 48.5Hz、0.3s，以确保当 110kV 线路发生故障时小电源先于安全自动装置可靠解列。

（4）正确整定 110kV 变压器零序保护定值。DL/T 584—2017《3kV～110kV 电网继电保护装置运行整定规程》中规定"对中性点经放电间隙接地的半绝缘水平的 110kV 变压器零序电压保护，$3U_0$ 定值一般整定为 150～180V，保护动作后带 0.3～0.5s 延时跳变压器各侧断路器"。关于地区电网联网运行规定为：对中性点直接接地系统的主网终端变电站，如变压器中性点不直接接地，且负荷侧接有地区电源，则变压器还应装设零序电压和间隙零序电流解列装置，保护动作后带 0.1～0.5s 延时，跳地区电源联络线路的断路器。制订方案时应以此为指导原则，具体方案如下：

1）变压器零序解列保护时间整定为 0.2s，与跳变压器各侧的零序电压保护 0.5s 配合。故障时，先解列小型发电机并网线，以保证变压器不继续过电压而跳闸。

2）不考虑是否专线并网，变压器均应投入零序解列保护。变压器零序解列保护，在跳开变压器各侧断路器之前，先解列地区电源并网线，以便事故后快速恢复送电。

如 110kV 变压器高压侧零序电压取 150V、0.2s 跳中、低压侧并网线，解列小电源；取 150V、0.5s 跳主变压器各侧。在 110kV 并网线发生单相接地或两相接地短路故障时，先解列中、低压侧并网线，以保证 110kV 变压器不继续过电压而跳闸。

另有，若负荷侧接有地区电源的变压器 110kV 侧中性点直接接地，将不存在 110kV 变压器过电压问题。

（5）110kV 电源线保护动作联切中、低压侧热电厂联络线。当 110kV 线路发生瞬时性故障时（见图 3-10），系统侧 QF1 线路保护动作跳闸后，小电源给 110kV 变电站负荷反送电。根据小电源与负荷容量的差异、各种装置的动作情况，小电源解列的时间不同，有的长达几分钟，超过了重合闸及备自投装置的整组复归时间（一般为 10～20s），造成 110kV 线路重合闸及备自投装置不动作，使 110kV 全站负荷失电。

若在 110kV 联络线配置纵联差动保护（见图 3-11），当 110kV 线路发生故障时，QF2 线路保护动作不跳 QF2，而切小电源并网线 QF3，使小电源可靠解列。对于 110kV 线路上没有 T 接负荷，110kV 变电站 110kV 侧设有备自投装置的情况，若考虑节省投资，110kV 线路两侧可不设线路 TV，并停用重合闸，直接通过 110kV 侧备自投装置由其他系统供电；对于 110kV 线路上带有 T 接负荷，110kV 变电站 110kV 侧设有备用电源自投装置的情况，110kV 线路系统侧 QF1 采用检线无压母有压条件满足 1s 后重合，线路重合成功后可恢复对 110kV 变电站供电，否则通过 110kV 侧备用自投装置由其他系统供电。在 110kV 联络线配置纵联差动保护，虽然成本高，但是非常可靠有效地解列小电源并网线，解决了解列装置与安全自动装置的配合问题及变压器过电压跳闸问题。

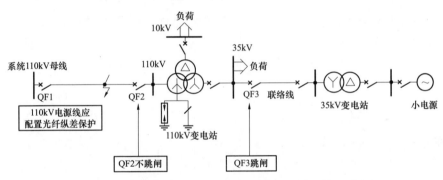

图 3-11 110kV 联络配置线纵联差动保护动作示意图

（6）中、低压侧装设分段备自投的 110kV 变压器差动保护动作和瓦斯保护动作联切中、低压侧本母线的热电厂联络线。当两台中、低压侧分列运行的 110kV 变压器故障时，若小电源不及时解列将造成中、低压侧分段备自投装置不动作。因此，可通过 110kV 变压器差动保护动作和瓦斯保护动作联切中、低压侧本母线的电厂联络线，使小电源及时解列，以便中、低压侧分段备自投装置正确动作。

随着地区电源并网不断增多，电网结构趋于复杂，带来了许多问题，本节针对地区热电厂并网运行存在的问题，经过对保护整定、保护配置及保护回路等方面的详尽分析，提出了切实可行的解决措施，既保证了并网小火电厂的安全运行，又保证了重要负荷的可靠供电。

第五节　小电源联络线的继电保护配置与整定计算

小型发电机并网逐渐增多，容量不断增大，小电源联络线的继电保护配置与整定计算问题越来越突出。下面以某小型自备热电厂为例，分析联络线的几种继电保护配置的整定方案。

一、计算参数

电厂有两台发电机，装机容量均为 6000kW，升压变压器分别为 6300kW 和 10 000kW，通过 35kV 联络线 L2 并至 110kV 乙变电站 35kV 母线，电厂正常运行方式为 1 号、2 号升压变压器并列运行。图 3-12 所示为系统接线示意图，计算参数如下。

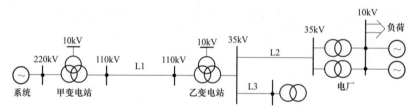

图 3-12　某小型自备热电厂并网系统接线示意图

（1）基准值。基准容量 S_B 取 1000MVA，基准电压 U_B 取 35kV，基准电流 I_B 取 16 496A，基准阻抗 Z_B 取 1.225Ω。

（2）电厂。1 号、2 号发电机：S=6000kVA，$X''\%$=13.2，电抗标幺值 X_{G*}=22；

1 号、2 号发电机并列运行，电抗标幺值 X_{G12b*}=11；

1 号升压变压器 S=6300kVA，$U_k\%$ =7.8，电抗标幺值 X_{T1*}=12.38；

2 号升压变压器 S=10 000kVA，$U_k\%$ =7.4，电抗标幺值 X_{T2*}=7.4；

1 号、2 号升压变压器并列运行电抗标幺值 X_{T12b*}=4.63。

（3）联络线 L2。LGJ-150/3.07km，阻抗标幺值 Z_{2L*}=1.181 3，L2 两侧 TA 变比 n_{TA} 均为 600/5。

（4）乙变电站变压器。SFZ9-50 000/110（YNd11）；

阻抗电压 $U_{k12}\%$=10.23，$U_{k13}\%$=18.01，$U_{k23}\%$=6.82；则高、中、低三侧电抗标幺值分别为

X_{H*}=2.142，X_{M*}=-0.096，X_{L*}=1.46。

（5）线路 L1。LGJ-185/4.967km，阻抗标幺值 Z_{1L*}=0.179 2。

计算网络阻抗如图 3-13 所示。

（1）乙变电站 35kV 母线系统阻抗。大运行方式下阻抗标幺值 Z_{smax*} 为 2.899 7，小运行方式下阻抗标幺值 Z_{smin*} 为 4.901 8。

（2）电厂 35kV 母线阻抗（系统电源停）。

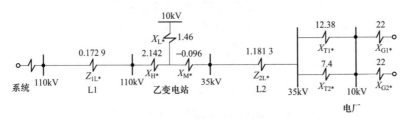

图 3-13　计算网络阻抗图

1）小电源大运行方式下（2 台发电机、2 台变压器同时运行）阻抗标幺值

$$Z_{xsmax*} = X_{G12b*} + X_{T12b*} = 11+4.63 = 15.63$$

2）小电源小运行方式下（1 台变压器、1 台发电机运行）阻抗标幺值

$$Z_{xsmin*} = X_{G1*} + X_{T1*} = 22+12.38 = 34.38$$

（3）乙变电站 35kV 侧其他出线中电流保护定值最大者 35kV 线路 L3 定值。

电流速断为 10.5A、0s、600/5，定时过电流为：5.0A、1.4s、600/5。

乙变电站变压器 10kV 侧后备过电流保护为：6.0A、1.1s、3000/5。

电厂升压变压器 35kV 侧后备过电流保护为：4.2A、1.0s、300/5。

二、配置方向电流保护的整定计算与分析

（一）联络线电厂侧（计算结果均为二次值）

1. 电流Ⅰ段（电流速断）

按躲线末（如图 3-14 所示）k_3 点故障整定（为躲乙变电站其他 35kV 出线故障，Ⅰ段必须按躲线末故障计算），电流Ⅰ段 I_{opI} 计算如下。

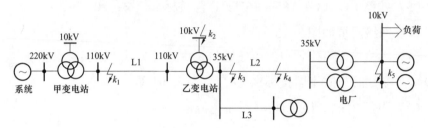

图 3-14　计算故障点示意图

$$I_{opI} = \frac{K_{rel}I_B}{Z_{k3max*}n_{TA}} = \frac{K_{rel}I_B}{(Z_{xsmax*} + Z_{2L*})n_{TA}}$$

式中　　K_{rel}——可靠系数，取 1.3；

Z_{k3max*}——故障点 k_3 的小电源方向的阻抗标幺值。

则　　　　$$I_{opI} = \frac{1.3 \times 16\,496}{(15.63 + 1.1813) \times 600/5} = 10.8（A）$$

在 I_{opI} 取值为 10.8A 时，经计算大运行方式下联络线出口灵敏度为 0.717，小运行方式下联络线出口灵敏度为 0.315。因此电流Ⅰ段保护不起作用。

2. 电流Ⅱ段（时限速断）

按躲乙变电站 10kV 母线（k_2 点）故障整定，以防乙变电站 10kV 母线故障越级跳联络线电厂侧，即

$$I_{opII} = \frac{K_{rel}I_B}{Z_{k2max*}n_{TA}}$$

其中，Z_{k2max*} 代表故障点 k_2 的小电源方向的阻抗标幺值。

则
$$I_{\text{op II}} = \frac{K_{\text{rel}}I_{\text{B}}}{(Z_{\text{xsmax}*} + Z_{2\text{L}*} + X_{\text{M}*} + X_{\text{L}*})n_{\text{TA}}}$$

$$= \frac{1.3 \times 16\,496}{(15.63 + 1.1813 - 0.096 + 1.46) \times 600/5}$$

$$= 9.8 \ (\text{A})$$

在 $I_{\text{op II}}$ 取 9.8A 时，经计算小运行方式下联络线末端灵敏度为 0.326；大运行方式下联络线末端灵敏度为 0.722，不符合要求。

3. 电流Ⅲ段（过电流保护）

过电流保护是阶段式保护的后备段，除对本线路有足够灵敏度外，对相邻线路也应有一定远后备灵敏度。

（1）按躲最大负荷电流 300A 整定

$$I_{\text{opIII}} = \frac{K_{\text{rel}}I_{\text{fhmax}}}{K_{\text{f}}n_{\text{TA}}}$$

式中　　K_{rel}——可靠系数，取 1.2；

　　　　K_{f}——返回系数，取 0.85；

　　　　I_{fhmax}——最大负荷电流；

　　　　n_{TA}——TA 变比。

则
$$I_{\text{opIII}} = \frac{1.2 \times 300}{0.85 \times 600/5} = 3.6 \ (\text{A})$$

过电流保护 I_{opIII} 为 3.6A 时，小运行方式下络线线末灵敏度为 0.93；小运行方式下线路 L1 线末（k_1）故障时，远后备灵敏度为 0.87，不符合要求。

（2）按线路 L3 定时过电流（5.0A、1.4s、600/5）与之配合整定。按系统侧在小运行方式下、小电厂侧在大运行方式下计算分支系数

$$K_{\text{fz}} = \frac{Z_{\text{smin}*}}{Z_{\text{smin}*} + Z_{\text{xsmax}*} + Z_{2\text{L}*}} = \frac{4.9018}{4.9018 + 15.63 + 1.1813} = 0.225 \ (\text{A})$$

$$I_{\text{opIII}} = 0.225 \times 5.0 = 1.125 \ (\text{A})$$

（3）按小运行方式下联络线线末灵敏度为 1.5 计算得 2.2A。

综合（1）、（2）和（3），过电流保护 I_{opIII} 取 2.2A，1.7s 加方向。

若采用电流保护仅有过电流保护起作用。由于用户侧保护装置可靠性差，若方向失灵，就可能会过负荷而跳闸。

通过计算可以看出，由于联络线电厂侧阻抗大，而联络线和系统侧阻抗较小，电流保护灵敏度差，因此联络线电厂侧配置方向电流保护不满足要求。

（二）联络线系统侧

1. 电流Ⅰ段（电流速断）

电厂升压变压器低压侧带负荷时按躲电厂 10kV 母线（k_5 点）故障整定（为不影响网上其他用户用电，需快速切除联络线故障）。

（1）电厂正常运行方式为 1 号、2 号升压变压器并列运行，并接两台发电机

$$I_{op\,Ⅰ} = \frac{K_{rel}I_B}{Z_{k5max*}n_{TA}}$$

$$\frac{K_{rel}I_B}{(Z_{smax*} + Z_{2L*} + X_{T12b*})n_{TA}}$$

式中 K_{rel} ——可靠系数，取 1.3；

 Z_{k5max*} ——故障点 k_5 的系统电源方向的阻抗标幺值。

则
$$I_{op\,Ⅰ} = \frac{1.3 \times 16\,496}{(2.899\,7 + 1.181\,3 + 4.63) \times 600 / 5}$$
$$= 20.5（A）$$

在 $I_{op\,Ⅰ}$ 取 20.5A 时，经计算小运行方式下联络线末端灵敏度为 0.954，不符合要求。

（2）电厂 1 号升压变压器运行，并接一台发电机

$$I_{op\,Ⅰ} = \frac{K_{rel}I_B}{Z_{k5max*}n_{TA}}$$

$$= \frac{K_{rel}I_B}{(Z_{smax*} + Z_{2L*} + X_{T1*})n_{TA}}$$

则

$$I_{\text{op I}} = \frac{1.3 \times 16\,496}{(2.899\,7 + 1.181\,3 + 12.38) \times 600/5}$$

$$= 10.8 \ (\text{A})$$

小运行方式下联络线末端灵敏度为 1.803，符合要求。

电厂升压变压器低压侧带负荷时，按躲电厂升压变压器低压侧母线故障计算，线末灵敏度低于 1.5 时，不能快速切除联络线故障，配置方向电流保护不满足要求；当线末灵敏度不小于 1.5 时（通过大量计算表明，一般 35kV 电压等级升压变压器容量在 8000kVA 以下，升压变压器分列运行时，联络线线末灵敏度不小于 1.5），能快速切除联络线故障，可以配置方向电流保护。

电厂升压变压器低压侧不带负荷时，按线末（k_4 点）故障灵敏度 1.5 计算

$$I_{\text{op I}} = \frac{0.866 I_{\text{B}}}{1.5 Z_{k4\text{min}*} n_{\text{TA}}}$$

$$= \frac{0.866 I_{\text{B}}}{1.5 (Z_{\text{smin}*} + Z_{2L*}) n_{\text{TA}}}$$

式中　$Z_{k4\text{min}*}$——故障点 k_4 的系统电源方向的阻抗标幺值。

则

$$I_{\text{op I}} = \frac{0.866 \times 16\,496}{1.5 \times (4.901\,8 + 1.181\,3) \times 600/5}$$

$$= 13 \ (\text{A})$$

电厂升压变压器低压侧不带负荷时，可以配置方向电流保护，电流 I 段（电流速断）按线末故障灵敏度 1.5 计算。

2. 电流 II 段

限时速断保护，详见第三章第一节。

3. 电流 III 段

作为过电流保护段，按躲最大负荷电流整定即可，并加方向闭锁。

三、配置距离保护的整定计算与分析

（一）联络线电厂侧

1. 距离 I 段

按躲线末（k_3 点）故障整定，即

$$Z_{op\,I} = K_{rel}\,Z_{2L*}\,Z_B\,n_{TA}/n_{TV}$$

式中　K_{rel} ——可靠系数，取 0.85；

　　　n_{TA} ——联络线电厂侧保护的电流互感器变比；

　　　n_{TV} ——联络线电厂侧保护的电压互感器变比。

则　　　　$Z_{op\,I} = 0.85 \times 1.181\,3 \times 1.225 \times (600/5)/(35\,000/100)$

　　　　　$= 0.42\ (\Omega)$

2. 距离 Ⅱ 段

（1）按与线路 L3 电流速断（12.5A、0s、600/5）配合整定，将线路 L3 电流速断定值 $I'_{op\,I}$ 折算成在系统小运行方式下的保护范围，再折算成距离保护定值 $Z'_{op\,I}$，即

$$\frac{I_B}{I'_{op\,I}\,n_{TA}} - Z_{smin*} = (Z'_{op\,I}\,n_{TV}/n_{TA})/Z_B$$

式中　$I'_{op\,I}$ ——线路 L3 电流速断定值；

　　　$Z'_{op\,I}$ ——将线路 L3 电流速断定值 $I'_{op\,I}$ 折算成的距离保护定值；

　　　n_{TA} ——线路 L3 保护的电流互感器变比；

　　　n_{TV} ——线路 L3 保护的电压互感器变比。

将各参数量数值代入上式，得

$$\frac{16\,496}{12.5 \times 600/5} - 4.901\,8 = (Z'_{op\,I} \times 350/120)/1.225$$

计算得 $Z'_{op\,I} = 2.5\Omega$。

按系统侧在小运行方式下，小电厂侧在大运行方式下计算助增系数

$$K_Z = \frac{Z_{smin*} + Z_{xsmax*} + Z_{2L*}}{Z_{smin*}}$$

$$= \frac{4.901\,8 + 15.63 + 1.181\,3}{4.901\,8}$$

$$= 4.43$$

$$Z_{op\,II} = K_{rel}\,Z_{2L*}\,Z_B\,n_{TA}/n_{TV} + K'_{rel}\,K_Z\,Z'_{op\,I}$$

式中　K'_{rel} ——可靠系数，取 0.8。

则　　　$Z_{op\,II} = 0.85 \times 1.181\,3 \times 1.225 \times 120/350 + 0.8 \times 4.43 \times 2.5$

$$=9.3（\Omega）$$

（2）按躲乙变电站 10kV 母线（k_2 点）故障整定，即

$$Z_{\text{op II}} = K_{\text{rel}}(Z_{2\text{L}*} + X_{\text{M}*} + X_{\text{L}*})Z_{\text{B}}\, n_{\text{TA}}/n_{\text{TV}}$$
$$= 0.85 \times (1.181\,3 - 0.096 + 1.46) \times 1.225 \times 120/350$$
$$= 0.91（\Omega）$$

综合以上计算取 $Z_{\text{op II}}=0.9\Omega$，时间增加一个级差取 0.3s。

联络线线末灵敏度为 1.8，满足要求。

3. 距离 III 段

（1）按躲最大负荷电流 300A 整定，当距离 III 段为全阻抗启动元件时，其整定值为

$$Z_{\text{opIII}} = \frac{Z_{\text{fhmin}} n_{\text{TA}}/n_{\text{TV}}}{K_{\text{rel}} K_{\text{f}} K_{\text{zqd}}}$$

$$Z_{\text{fhmin}} = \frac{0.95 U_{\text{N}}/\sqrt{3}}{I_{\text{fhmax}}}$$

式中　　K_{rel}——可靠系数，取 1.2；

　　　　K_{f}——阻抗元件返回系数，取 1.2；

　　　　K_{zqd}——负荷的自启动系数，取 2.0；

　　　　Z_{fhmin}——最小负荷阻抗值；

　　　　I_{fhmax}——最大负荷电流，取 0.3kA；

　　　　U_{N}——额定运行电压。

将各参数量代入上式得

$$Z_{\text{fhmin}} = \frac{0.95 \times 35/\sqrt{3}}{0.3} = 63.99（\Omega）$$

$$Z_{\text{opIII}} = \frac{63.99 \times 120/350}{1.2 \times 1.2 \times 2.0} = 7.6（\Omega）$$

（2）按与线路 L3 电流速断（12.5A、0s、600/5）配合整定（在距离 II 段中已计算过），$Z_{\text{opIII}}=9.3\Omega$。

（3）按与乙变电站变压器 10kV 侧后备过电流保护（6.0A、1.1s、3000/5）配合整定，只考虑时间配合即可，时间增加一个级差为 1.4s。

综合（1）、（2）和（3），距离Ⅲ段定值取 $Z_{opⅢ}$ =5.0Ω即可，时间取1.4s。

联络线线末灵敏度为 10.08，满足要求。

线路 L1 线末（k_1）故障时，远后备灵敏度为 3.50，满足要求。

（二）联络线系统侧

1. 距离Ⅰ段

按躲电厂 10kV 母线（k_s 点）故障整定，即

$$Z_{op Ⅰ} = K_{rel}(Z_{2L*} + X_{T12b*})Z_B \, n_{TA}/n_{TV}$$
$$=0.85×(1.181\ 3+4.63)×1.225×120/350$$
$$=2.2（Ω）$$

时间取 0s。联络线线末灵敏度为 4.45，满足要求。

2. 距离Ⅱ段

限时速断保护，详见第三章第一节。

3. 距离Ⅲ段

（1）按躲最大负荷电流 300A 整定（与电厂侧计算相同），取 $Z_{opⅢ}$ =5.0Ω。

（2）按与电厂升压变压器高压侧后备过电流保护（4.2A、1.0s、300/5）配合整定，只考虑时间配合即可，时间增加一个级差取 1.3s。

因此距离Ⅲ段定值取 $Z_{opⅢ}$ =5.0Ω，时间取 1.3s。

采用距离保护时，考虑电压互感器 TV 断线时距离保护闭锁，增加无方向的电压互感器 TV 断线闭锁过电流保护。

四、配置纵差和后备保护的分析

随着光纤通信的迅速发展和广泛应用，纵联差动保护的应用也越来越广，技术也越来越成熟。特短线路和双回线并网的联络线，易配置纵差保护和后备保护。配置纵联差动保护，需同时配置电流保护或距离保护做后备保护。

（1）优点。

1）整定计算比较简单。

2）联络线两侧能同时快速切除线路故障，保证全线速动。

（2）不足：纵差设备一端在供电部门侧，一端在用户侧，维护比较麻烦。若采用纵差保护，须加强维护管理，提高用户侧保护设备可靠性，使通道及两端保护设备均处于良好的运行状态。

第六节　采用循环电流测量变压器差动保护六角图的分析与实践

有些变电站投产时，因变电站暂无负荷，对带负荷测量变压器差动保护三相电压和三相电流相位关系带来了问题。以 110kV 甲变电站为例，论证采用循环电流测量变压器差动保护六角图的可行性。

一、原理简介

如果并联变压器的联结组别和漏阻抗标幺值都相同，只是变比不等。为了方便，以两台变比不同的单相变压器并联运行来做分析，并略去励磁电流不计，且将一次侧各量均折算至二次侧。如图 3-15 所示，两台单相变压器的一次侧已经接到电源 $\dot{U}_1$ 上，它们的二次侧只有一端彼此相联，另一端还没有连上，也没带负荷，QF1 及 QF2 都处于断开状态。

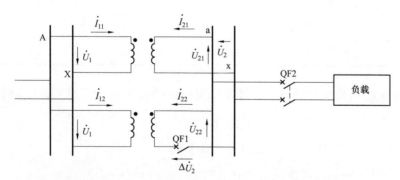

图 3-15　变比不等时变压器的并列运行示意图

设变比 $n_2 > n_1$，即变压器 1 的二次侧电压比变压器 2 的高。由于变比不等，在 QF1 的两端出现了电压差 ΔU_2，即

$$\Delta \dot{U}_2 = \dot{U}_{21} - \dot{U}_{22} = \left(-\frac{\dot{U}_1}{n_1}\right) - \left(-\frac{\dot{U}_1}{n_2}\right) \qquad (3-1)$$

在 QF2 断开的情况下，合上 QF1，即空载下将两台变压器在低压侧合环。由于回路中电压差 $\Delta \dot{U}_2$ 的作用，在两台变压器之间产生了循环电流 $\dot{I}_C$，其大小为

$$\dot{I}_C = \frac{\Delta \dot{U}_2}{Z_{K1} + Z_{K2}} \qquad (3-2)$$

式（3-2）中，Z_{K1} 和 Z_{K2} 是已折算到二次侧的两台变压器的漏阻抗。此环流同时存在于两台变压器的一、二次绕组之中，对二次侧来说，环流就是式（3-2）所计算得出的 $\dot{I}_C$；对一次侧来说，变压器 1 的环流为 $\dot{I}_C / n_1$，变压器 2 的环流为 $\dot{I}_C / n_2$。显然由于 $n_2 > n_1$，两台变压器一次侧的环流是不等的，其差值由电源输入，以补偿由于环流存在而引起的损耗。

二、理论计算

以 110kV 甲变电站为例进行理论计算，甲变电站 1 号、2 号变压器的参数见表 3-1。

表 3-1 　　　　　　　　甲变电站 1 号、2 号变压器参数

变压器序号	容量（kVA）	高压（kV）	低压（kV）	阻抗电压百分值（%）
1	50 000	110±8×1.25%	10.5	12.77
2	50 000	110±8×1.25%	10.5	12.94

（1）变压器电抗计算。1 号变压器电抗的有名值（折算到低压侧）为

$$X_{T1} = \frac{U_k\% U^2_{L(N)}}{100 S_N}$$

式中　　$U_{L(N)}$——低压侧额定电压；

　　　　$U_k\%$——变压器阻抗电压；

　　　　S_N——变压器额定容量。

则
$$X_{T1}=\frac{12.77\times10.5^2}{100\times50}=0.282（\Omega）$$

同理 2 号变压器电抗的有名值（折算到低压侧）为 X_{T2}=0.285Ω。

（2）低压侧电压差计算。变压器分头在 5 挡、6 挡、7 挡时，变压器变比分别为 115.5/10.5、114.1/10.5、112.8/10.5。

假若高压侧线电压为 113kV，变压器分头在 5、6、7 挡时低压侧相电压分别为

$$\frac{113}{\sqrt{3}}\times10.5/115.5=5.93（kV）$$

$$\frac{113}{\sqrt{3}}\times10.5/114.1=6.00（kV）$$

$$\frac{113}{\sqrt{3}}\times10.50/112.8=6.07（kV）$$

若将 1 号变压器分头调至 7 挡，2 号变压器分头调至 6 挡时，两台变压器低压侧电压差为

$$\Delta U_2=6.07-6.00=0.07（kV）$$

（3）循环电流计算。两台变压器差动保护低压侧 TA 皆为 3000/5，则低压侧循环电流为

$$I=\frac{\Delta U_2}{X_{T1}+X_{T2}}=\frac{70}{0.282+0.285}=123.4（A）$$

二次电流为　　　　　　123.4×5/3000=0.21（A）

从计算值可看出，1 号变压器分接头在 7 挡，将 2 号变压器分接头调至 6 挡时，循环电流很小，由于磁滞和涡流等因素，实际值还要小些，不利于测量电压和电流相位关系。若 1 号变压器分接头仍在 7 挡，将 2 号变压器分接头调至 5 挡，同理计算得低压侧二次循环电流为 0.41A，此时测量低压侧电压和电流相位关系是可行的。

同样，由于乙变电站 110kV 侧与丙变电站 110kV 侧存在电压差，合环时会出现合环电流（见图 3–16），若从丙变电站流向乙变电站潮流为

24.17+j1.47kVA，则合环电流为127A，二次值为1.058A（高压侧及桥开关TA变比皆为600/5），从计算值看出利用此合环电流测量高压侧及桥开关的相位关系是可行的。

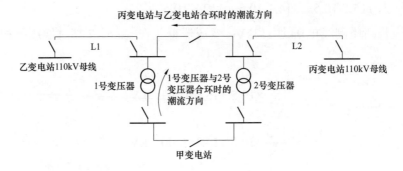

图3-16　合环时潮流方向示意图

注：甲变电站变压器差动保护为三绕组变压器保护，高压侧接110kV出线TA，中压侧接桥开关TA。

三、现场操作

将乙变电站通过110kV线路L1、L2与丙变电站合环，合环电流为86A，由丙变电站流向乙变电站，利用此合环电流把甲变电站变压器高压侧及桥开关的三相电压和三相电流的相位关系全部测量出来。

选A相电压为参考方向，甲变电站变压器高压侧开关三相电流与A相电压的夹角实测值见表3-2，U_a=60.7V（二次值），相量图如图3-17所示。

表3-2　　　　　　　　　2号变压器高压侧TA实测值

电流相别	相电流二次值（A）	相电流与$\dot{U}_a$夹角（°）
a	0.71	177.2
b	0.72	57
c	0.70	297

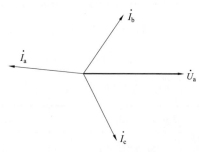

图 3-17　2 号变压器高压侧 TA 相量图

选 A 相电压为参考方向，甲变电站变压器桥开关三相电流与 A 相电压的夹角实测值见表 3-3，U_a=60.7V（二次值），相量图如图 3-18 所示。

表 3-3　　　　　　　　　　　2 号变压器桥开关 TA 实测值

电流相别	相电流二次值（A）	相电流与 $\dot{U}_a$ 夹角（°）
a	0.71	357.5
b	0.71	237.3
c	0.70	117

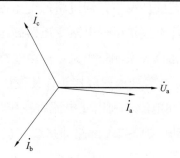

图 3-18　2 号变压器桥开关 TA 相量图

之后，再将线路 L1、L2 解环，由线路 L1 单带甲变电站。再将甲变电站 1、2 号变压器分接头都调至 7 挡，在低压侧合环，然后将 2 号变压器分接头调至 5 挡，低压侧循环电流为 174A。利用此循环电流将变压器低压侧三相电压和三相电流的相位关系测量出来。

选 A 相电压为参考方向，甲变电站变压器低压侧开关三相电流与 A 相电压的夹角实测值见表 3-4，U_a=60.5V（二次值），相量图如图 3-19 所示。

表 3-4　　　　　　　　2 号变压器低压侧 TA 实测值

电流相别	相电流二次值（A）	相电流与 $\dot{U}_a$ 夹角（°）
a	0.29	276
b	0.29	156.8
c	0.29	36.5

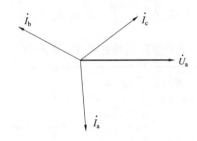

图 3-19　2 号变压器低压侧 TA 相量图

在甲变电站暂无负荷的情况下，通过将乙变电站 110kV 侧与丙变电站 110kV 侧合环，利用合环电流将甲变电站变压器高压侧 TA 与桥开关 TA 的三相电流和三相电压的相位关系测量出来；再由线路 L1 单带甲变电站，调节甲变电站 1 号变压器、2 号变压器分接头，使变压器低压侧出现电压差，两台变压器并列引起循环电流，利用此电流将变压器低压侧差动保护六角图测量出来，验证了差动保护各 TA 回路的接线和极性正确，使甲变电站的验收投产顺利进行。

第七节　10kV 配电线路的故障隔离和供电恢复

配电网保护和配电自动化功能配合，可以实现故障的快速隔离，非故障区域供电的较快速恢复。要达到以上目标，需要对配电线路上的各种配电网开关的功能定位进行明确，从而给出合理的整定值，充分发挥其应有的作用。

10kV 线路上通常有出线开关、分支开关、分界开关、分段开关。出线开关、分支开关、分界开关实现配电网保护功能，快速切除其区域内的故障。在供电恢复方面，瞬时性故障，由出线开关、分支开关的重合闸恢复；永久性故障，首先由相应的备自投恢复，其次由分段开关隔离故障区域，恢复非故障区域的供电。

一、各级开关的配置要求

出线开关、分支开关、分界开关需切除故障，因此应配置具备熄弧能力的断路器；分段开关在故障切除后，隔离故障区域和恢复非故障区域供电，操作的是负荷电流，配置负荷开关即可。

出线开关一般配置三段式过电流保护、三相一次或二次重合闸。小电阻接地系统还应配置两段式零序电流保护。

分支开关一般配置两段式过电流保护、三相一次重合闸。小电阻接地系统还应配置一段式零序电流保护。

分界开关一般配置两段式电流保护。小电阻接地系统还应配置一段式零序电流保护。

分段开关具备故障检测功能。小电阻接地系统还应具备接地故障检测功能。

二、配网开关定值整定分析

用于切除故障的出线开关、分支开关、分界开关，三级保护应逐级配合，就近隔离故障。用于隔离和恢复的分段开关，应识别出后面是否发生过故障。各种开关在配电线路上的位置如图 3-20 所示。以下分别对各种开关的定值整定进行讨论。

（一）出线开关定值的整定

10kV 出线开关的三段式过电流保护，包括电流速断保护、限时速断保护、定时过电流保护。

1. 电流速断保护

电流速断保护主要用于快速切除线路出口近端严重故障，以保护上级主设备的安全；尽可能缩小保护范围以避免与下级配电网断路器同时跳闸。

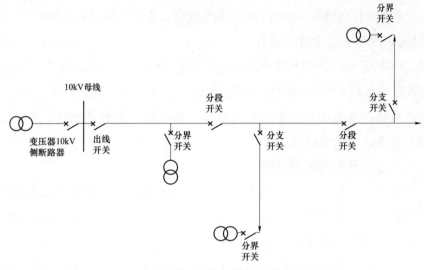

图 3-20　各种开关在配电线路上的位置示意图

（1）应按照躲过第一个分支开关或分界开关所在位置整定。电流元件无法将保护范围控制在需要的范围内时，可投入电压闭锁元件。

（2）电流速断保护应校核被保护线路出口短路的灵敏系数，在常见运行大方式下，三相短路的灵敏系数不小于 1 即可投运。

（3）满足上级变压器本侧限时速断保护的配合要求，如果本段定值较大无法满足配合要求时，上级变压器本侧限时速断保护应与本设备的限时速断保护配合。

通常，在主要采用电缆的供电区域，第一个分支开关或分界开关距离变电站的电气距离较近，电流速断取值较困难，因此在上级主设备允许的情况下，可退出电流速断保护。

2. 限时速断

（1）上级变压器本侧限时速断保护与本段保护配合时，应保证上级变压器限时速断保护的配合要求。

（2）宜躲过所带配电变压器的励磁涌流。

（3）宜躲过所带配电变压器低压侧故障。

（4）动作时间满足上级变压器限时速断保护的要求，同时满足下级开关的配合需求。

3. 定时过电流

（1）应保证上级变压器复压闭锁过电流保护的配合要求。

（2）应保证本线路末端故障时的灵敏度满足要求。

（3）应躲过最大负荷电流。

对于比较长的线路，存在无法同时满足（2）和（3）条要求的可能，此时应在线路适当的位置安装断路器，将一条线路分为两条线路对待。

（4）动作时间满足上级变压器复压闭锁过电流保护的要求，同时满足下级开关的配合需求。

4. 重合闸

应根据电缆在线路中的占比，选择是否需退出重合闸。

重合闸可投入时，根据馈线自动化模式的不同，可选择使用三相一次重合闸或三相二次重合闸。集中型使用三相一次重合闸，就地型使用三相二次重合闸。

（二）分支开关定值的整定

分支开关的两段式过电流保护，包括限时速断保护、定时过电流保护。

（1）限时速断。

1）应保证上级（出线开关）限时速断保护的配合要求。

2）应保证分支开关出口发生故障时能够切除故障。

3）宜躲过所带配电变压器的励磁涌流。

4）宜躲过所带配电变压器低压侧故障。

5）动作时间满足上级出线开关限时速断保护的要求，同时满足下级开关的配合需求。

（2）定时过电流。

1）应保证上级（出线开关）定时过电流保护的配合要求。

2）应保证本分支线路末端故障时的灵敏度满足要求。

3）应躲过最大负荷电流。

4）动作时间满足上级出线开关定时过流保护的要求，同时满足下级开关的配合需求。

（3）重合闸。应根据电缆在线路中的占比，选择是否需退出重合闸。

重合闸可投入时，根据馈线自动化模式的不同，可选择使用三相一次重合闸或三相二次重合闸。集中型使用三相一次重合闸，就地型使用三相二次重合闸。

（三）分界开关定值的整定

分界开关后面带的用户，如果配置了进线保护，则分界开关与用户进线开关可以等同对待。

（1）电流速断。

1）应保证上级（出线开关、分支开关）限时速断保护的配合要求。

2）应保证分界开关出口发生故障时能够切除故障。

3）宜躲过所带配电变压器的励磁涌流。

4）宜躲过所带配电变压器低压侧故障。

5）动作时间满足上级（出线开关、分支开关）限时速断保护的要求。

（2）定时过电流：动作时间 0.2～0.4s，动作于跳开分界断路器。

1）应保证上级（出线开关、分支开关）定时过电流保护的配合要求。

2）应躲过最大负荷电流。

3）动作时间满足上级（出线开关、分支开关）定时过电流保护的要求。

（3）重合闸。分界开关的重合闸退出。

（四）分段开关定值的整定

分段开关故障检测元件的主要作用是判别该分段开关后是否存在故障，可按以下原则整定。

（1）本线路末端（分支线路上的分段开关按本分支线路末端）故障时能够可靠动作。

（2）应躲过最大负荷电流。简化计算，可以按出线开关（分支线上的分段开关按分支开关）的定时过电流定值除以 1.05～1.15 的配合系数整定。

（3）动作时间 0s。

三、配电自动化动作过程简要分析

配电自动化的一个主要功能是：当配电网发生故障或异常运行时，在配电网保护动作后，能够隔离故障区域，恢复非故障区域用户供电，缩短对用户的停电时间，减少停电面积。

以配电自动化中的集中型馈线自动模式，对配电自动化的动作过程进行简要分析。假设如图 3-21 所示，甲线、乙线是两条配电线路，正常 QF6 处于断开状态，当 k 点发生故障时，其故障隔离和供电恢复的过程是：甲线 QF1 保护动作跳开 QF1，分段开关 QF2、QF3 检测到故障，QF4 未检测到故障，因此判断故障点位于 QF3 与 QF4 之间，配电自动化主站发出命令，跳开 QF3、QF4 隔离故障。判别 QF3、QF4 断开后（如 QF3 拒动，则跳开 QF2），合上 QF1、QF6，恢复非故障段线路供电。

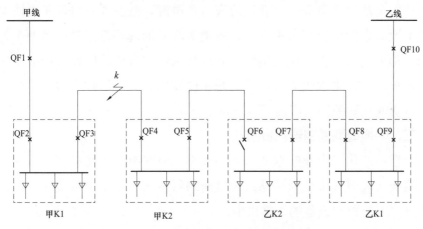

图 3-21　甲乙线环网集中型馈线自动化

通过分析可以看到，配电网保护和配电自动化相互配合，快速切除故障，防止设备的进一步损坏；精准定位故障区域，较快速地隔离并恢复非故障区域供电。

目前，馈线自动化模式主要有智能分布式、集中型、就地型等，根据供电区域、具备的通信方式，可以选取适当的模式，或者两种模式结合。

第八节　新建石油化工企业安全供电分析

石油化工企业物料多为易燃易爆有毒有害物质，生产设备工作条件极为苛刻。连续运行的石油化工企业对供配电的可靠性要求是非常高的，仅几个周波的电力系统故障就能造成大量生产装置停工，甚至引起灾难性的后果。对于新投产石油化工企业，由于缺乏用电经验，应加强这方面的管理、指导及沟通。

一、保证可靠的供电电源

石油化工企业一般供电电源方案采用从公用电力网引入两个外部供电电源点，当任何一个供电电源点失电时，另一个电源点应有足够的容量确保企业的全部用电负荷。企业还应有自备电源，依企业各自的不同情况，自备电源容量的选择有所不同。自备电源容量的选择原则是：当两个外部电源点都失电后，作为保安电源，其自备电源容量应能确保生产装置安全平稳停车，不发生次生灾害，尤其是不能发生火灾、爆炸事故；另外，能保证一套或几套关键生产装置的正常生产运行。

二、明确母联断路器自投方式

大型石油化工企业装置变电站一般都有两路电源进线和两段母线，其目的是当一段母线失电后可通过母联断路器由另一段带电母线转供，以尽快恢复停电装置和设备的正常供电。

由于炼油化工生产工艺的特殊性，对母联断路器如何自投有两种不同的观点：

（1）一种观点认为，当一段母线失电后，生产工艺已经打乱，恢复到正常生产工艺需要一定的时间，稍有不慎会引发二次事故，所以在失电原因未查清之前不急于送电，应首先确保装置安全平稳停车，待停稳后再将母联断路器投入并按正常程序开车。这种母联断路器自投方式对恢复装置正常生产的时间较长，复杂的工艺联系和联锁往往会造成上下游装置不必要的减负荷或停车。

（2）另一种观点认为，当一段母线失电后，只要经过无压检定，就应以最快的速度将母联断路器自投，以使断电设备尽快恢复供电。母联断路器一般在0.5～1.5s内完成自投，生产装置稍经波动就可恢复正常。这种母联断路器自投方式在设计时就应将自投时间整定值考虑妥当，要在转速下降不大的情况下迅速把生产装置恢复到正常运行状态。具体执行中，石化公司管理层到基层各级电气专业人员认识要统一、协调一致，而且要求电气专业人员保证母联断路器自投的硬件完好。

与母联断路器自投紧密相关的是低压自保持。要使母联断路器自投成功后高压电动机不会出现停车，需整定高压电动机低电压保护延时大于母联断路器的自投时间，不等到电动机主开关跳开，母联断路器自投成功，电动机瞬间失电立即恢复到正常额定转速。但是低压系统大量电动机开关或启动器都配有0.75倍额定电压瞬时脱扣机构，只要电压降到0.75倍额定电压，即瞬时脱扣断电。所以每次停电时，都伴有大批低压电动机停车，工艺联锁迫使主装置停车。需在低压脱扣回路中增加延时闭锁或机械自保持，使停电后脱扣机构延迟几秒钟动作，以躲过瞬间失电时间。

要求使用双电源的用户，在设计时就要考虑主线路的重合闸时间和双电源切换的时间，然后在工艺、设备允许的条件下，选择开关的延时脱机时间，当然还要考虑多设备同时启动的电流影响。石化企业用户应将母联断路器自投方式及自投时间等资料书面报送供电部门，以便在石化企业用户用电生产出现问题时杜绝纠纷。

三、加强无功管理

石化企业的用电负荷主要是以大型异步电动机拖动的风机、压缩机以及隔爆或增安型异步电动机拖动的机泵。大型异步电动机运行消耗大量无功，应对其功率因数进行有效的补偿，以改变网络中无功功率分配来抑制电压的波动，提高用户的功率因数，改善电压的质量。依据各自的具体情况选择出适合的最佳配置方案。当采用电力电容补偿时，应在用户主变电站、多区域配电站或多区域变电站内安装电力电容器组，因为这些变电站内的负荷相对平稳，而且可缩短装置变电站故障时的备用电源自动投入时间。

对无功消耗特大的设备，宜采取就地补偿。

高压电动机无功就地补偿的经济效益主要有以下四个方面：

（1）由于提高功率因数减少电费支出；

（2）由于无功电流分量的减少，降低了电能传输的损耗；

（3）有利于充分利用供电设备的容量；

（4）减少了电能传输产生的电压损失。

四、选择适合的大电动机软启动方式

随着科学技术的不断发展，炼油化工装置的单体加工能力越来越大，单机设备功率很大，大电动机拖动的应用范围也越广。大电动机的启动问题也成为企业内部电力网的一个主要问题。大电动机启动方式的选择不仅直接影响工程的一次投资成本，而且也影响到电网本身的安全稳定运行。

变频器来做软启动装置和晶闸管软启动装置其启动性能很好，但价格昂贵。近些年来由于对软启动的要求越来越迫切，进口装置价格太高，水电阻（含液变电阻）方式目前在国内用的还比较多。新建的石油化工企业由于资金短缺，一般采用水电阻和液变电阻软启动装置。

水电阻和液变电阻式软启动装置受环境温度的影响比较大，主要是由于对汽化电阻的影响较大，因此启动电流控制不准确，另外两者在启动时会产生很大的能量损耗，使水温迅速升高，所以对连续启动次数是有限制的。

2008年，某一10kV石油化工厂，在东营供电公司多次对其进行指导和沟通下，顺利投产，并与其建立了良好的供用电关系。其9000kW主风机采用水电阻软启动装置，启动电流控制在3倍额定电流左右，启动数据见表3-5。

表 3–5   主风机启动数据

启动次数	启动日期	启动时间	启动电流（A）	启动最低电压（kV）	启动后电流（A）
第 1 次	2008 年 6 月 12 日	17:45	1300±10	9.2	101.3
第 2 次	2008 年 6 月 23 日	15:15	1295±10	9.3	101
第 3 次	2008 年 6 月 26 日	10:15	1342±10	8.7	171
第 4 次	2008 年 7 月 22 日	15:15	1337±10	8.9	168
第 5 次	2008 年 8 月 6 日	14:45	1390±10	8.5	245

　　随着技术进步的加速，各种新的软启动控制方式也脱颖而出，比较各种软启动方式的优缺点，根据各自的具体情况从中选择出适合的最佳软启动方案。

　　新建石油化工企业由于缺乏用电经验，其用电操作带有很多随意性，给自身和电网带来危害。供电部门应与新建石油化工企业签订安全供用电书面协议，以避免一旦发生事故时产生纠纷；对企业用电加强管理、指导和沟通，要求其电气操作严格按照规定进行，要求其对软启动电流倍数及配电运行方式等不能随意改动，这对新建成石油化工企业的顺利投产和安全用电有着重要的作用。

第九节　电网谐波分析

　　理想的公用电网所提供的电压应该是单一而固定的频率以及规定的电压幅值。谐波电流和谐波电压的出现，对公用电网是一种污染，它使用电设备所处的环境恶化。谐波存在于电力系统发、输、配、供、用电的各个环节，其中产生谐波最多位于用电环节上。治理好谐波，不仅能降低电能损耗，而且能延长设备使用寿命，改善电磁环境，提高产品的品质。

一、谐波的产生

谐波是一个周期电气量的正弦波分量，其频率是基波频率的整数倍数。

理论上看，非线性负荷是电网谐波的主要产生因素。非线性负荷吸收电流和外加端电压为非线性关系，这类负荷的电流不是正弦波，且引起电压波形畸变。周期性的畸变波形经过傅立叶级数分解后，那些大于基频的分量被称作谐波。

输电和配电系统中存在大量的电力变压器。因变压器内铁心饱和，磁化曲线的非线特性以及额定工作磁密位于磁化曲线近饱和段上等诸多因素，致使磁化电流呈尖顶形，内含大量奇次谐波。变压器铁芯饱和度越高，其工作点偏离线性就越远，产生的谐波电流就越大。

用电环节谐波源更多，晶闸管式整流设备、变频装置、充气电光源以及家用电器，都能产生一定量的谐波。晶闸管整流技术在电力机车、充电装置、开关电源等很多方面被普遍采用。它采用移相原理，从电网吸收的是半周正弦波，而留给电网剩下的半周正弦波，这种半周正弦波分解后能产生大量的谐波，是最大的谐波源。

变频原理常用于水泵、风机等设备中，变频一般分为交—直—交变频器和交—交变频器两种。前者将 380V、50Hz 工频电源经三相桥式晶闸管整流，变成直流电压信号，滤波后由大功率晶体开关元件逆变成可变频率的交流信号。后者将固定频率的交流电直接转换成相数一致但频率可调的交流电。两者均采用相位控制技术，所以在变换后会产生含复杂成分（整次或分次）的谐波。因变频装置一般具有较大功率，所以也会对电网造成严重的谐波污染。

充气电光源和家用电器更是常见的谐波源，如荧光灯、高压汞灯、高压钠灯与金属卤化物灯应用气体放电原理发光，其伏安特性具有明显的非线性特征。计算机、电视机、录像机、调光灯具、调温炊具、微波炉等家用电器，因内置调压整流元件，会对电网产生高次奇谐波；电风扇、洗衣机、空调器含小功率电动机，也会产生一定量的谐波。这类设备功率虽小，但数量多，也是电网谐波源中不可忽视的因素。

二、谐波污染对电力系统的危害

（1）影响或干扰测量控制仪器、通信系统工作。对附近的通信系统产生干扰，轻者出现噪声，降低通信质量，重者丢失信息，使通信系统无法正常工作；影响电子设备工作精度，使精密机械加工的产品质量降低；设备寿命缩短，家用电器工况变坏等。

（2）影响继电保护的可靠性。如果继电保护装置是按基波负序量整定其整定值大小，此时，若谐波干扰叠加到极低的整定值上，则可能会引起负序保护装置的误动作，影响电力系统安全。变压器投运时的励磁涌流包含有大量的高次谐波，并以二次谐波成分最大，波形发生畸变、间断、不对称。因此，在变压器差动保护中必须设置励磁涌流闭锁功能，例如，RCS-978 系列变压器成套保护装置的励磁涌流判别原理采用如下两种方法：① 采用三相差动电流中二次谐波、三次谐波的含量来识别励磁涌流；② 利用波形畸变识别励磁涌流。

（3）影响变压器工作。谐波电流，特别是 3 次（及其倍数）谐波侵入△连接的变压器，会在其绕组中形成环流，使绕组发热。对Y形连接中性线接地系统中，侵入变压器的中性线的 3 次谐波电流会使中性线发热。

（4）使电网中的电容器产生谐振。工频下，系统装设的各种用途的电容器比系统中的感抗要大得多，不会产生谐振，但谐波频率时，感抗值成倍增加而容抗值成倍减少，这就有可能出现谐振，谐振将放大谐波电流，导致电容器等设备被烧毁。

（5）增加输电线路功耗。如果电网中含有高次谐波电流，那么，高次谐波电流会使输电线路功耗增加。如果电缆线路，与架空线路相比，电缆线路对地电容要大 10～20 倍，而感抗仅为其 1/3～1/2，所以很容易形成谐波谐振，造成绝缘击穿。

（6）污染公用电网。如果公用电网的谐波特别严重，则不但使接入该电网的设备（电视机、计算机等）无法正常工作，甚至会造成故障，而且还会造成向公用电网的中性线注入更多电流，造成超载、发热，影响电力正常输送。

三、谐波抑制方法

在电力系统中对谐波的抑制就是如何减少或消除注入系统的谐波电

流，以便把谐波电压控制在限定值之内，抑制谐波电流主要有三方面的措施。

（1）降低谐波源的谐波含量。在谐波源上采取措施，最大限度地避免谐波的产生。这种方法比较积极，能够提高电网质量，可大大节省因消除谐波影响而支出的费用，具体方法如下。

1）采用单相电容器组开断抑制瞬态过电压。如果采用选相断路器投切电容器，则可以消除或大大降低投切电容器产生的瞬态过电压，从而使接在母线上的电力电子调速系统可以稳定地工作，接在母线上的其余设备也可不受过电压干扰的影响。

2）抑制电压互感器铁磁谐振。其方法是要使它脱离谐振区，采用中性点不接地的电压互感器或采用电容分压器可以从根本上避免铁磁谐振。

3）三相整流变压器采用Y/△或△/Y的接线。三相整流变压器采用Y/△或△/Y接线可抑制3的倍数次的高次谐波。以整流变压器采用△/Y接线形式为例说明其原理，当高次谐波电流从晶闸管反串到变压器二次绕组内时，其中3的倍数次高次谐波电流无路可通，所以自然就被抑制而不存在。但将导致铁心内出现3的倍数次高次谐波磁通（三相相位一致），而该磁通将在变压器一次绕组内产生3的倍数次高次谐波电动势，从而产生3的倍数次的高次谐波电流。因为它们相位一致，只能在△形绕组内产生环流，将能量消耗在绕组的电阻中，故一次绕组端子上不会出现3的倍数次的高次谐波电动势。从以上分析可以看出，三相晶闸管整流装置的整流变压器采用这种接线形式时，谐波源产生的 $3n$（n 是正整数）次谐波励磁电流在接线绕组内形成环流，不致使谐波注入公共电网。这种接线形式的优点是可以自然消除3的整数倍次的谐波，是抑制高次谐波的最基本方法，该方法多用于大容量的整流装置负载。

4）增加整流器的脉动数。整流器是电网中的主要谐波源，其特征频谱为：谐波次数 $n=kp\pm1$，则可知脉冲数 p 增加，谐波次数 n 也相应增大。因此，增加整流脉动数，可有效地抑制低次谐波。不过，这种方法虽然在理论上可以实现，但是在实际应用中的投资过大，在技术上对消除谐波并不十分有效，该方法也多用于大容量的整流装置负载。

（2）在谐波源处吸收谐波电流。这类方法是对已有的谐波进行有效抑制的方法。

1）采用无源滤波器。无源滤波是目前采用的抑制谐波及无功补偿的主要手段。无源滤波器安装在电力电子设备的交流侧，由 L、C、R 元件构成谐振回路，当 LC 回路的谐振频率和某一高次谐波电流频率相同时，即可阻止该次谐波流入电网。优点：投资少、效率高、结构简单、运行可靠及维护方便等。缺点：滤波易受系统参数的影响；对某些次谐波有放大的可能；耗费多、体积大等。

2）采用有源滤波器。向电网注入与原有谐波电流幅值相等、相位相反的电流，使电源的总谐波电流为零，达到实时补偿谐波电流的目的。

有源滤波器的优点：与无源滤波器相比，有源滤波器具有高度可控性和快速响应性，能补偿各次谐波，可抑制闪变、补偿无功，有一机多能的特点；滤波特性不受系统阻抗的影响，可消除与系统阻抗发生谐振的危险；具有自适应功能，可自动跟踪补偿变化着的谐波。缺点：价位比较高。

3）加装静止无功补偿装置。快速变化的谐波源，如电弧炉、电力机车和卷扬机等，除了产生谐波外，往往还会引起供电电压的波动和闪变，有的还会造成系统电压三相不平衡，严重影响公用电网的电能质量。在谐波源处并联装设静止无功补偿装置，可有效减小波动的谐波量，同时，可以抑制电压波动、电压闪变、三相不平衡，还可补偿功率因数。

（3）改善供电环境。因为测量、控制装置的许多干扰是由电源线窜入的，因此在规划供电线路时，对干扰大的设备与测控装置采用不同相线供电；选择合理的供电电压并尽可能保持三相电压平衡，可以有效地减小谐波对电网的影响；谐波源由较大容量的供电点或高一级电压的电网供电，承受谐波的能力将会增大，对谐波源负荷由专门的线路供电，减少谐波对其他负荷的影响，也有助于集中抑制和消除高次谐波。

随着工业、农业和人民生活水平的不断提高，除了需要电能成倍增长，对供电质量及供电可靠性的要求也越来越多，电力质量受到人们的日益重视，要消除谐波污染，除在电力系统中大力发展高效的滤波措施外，还必须依靠全社会的努力，在设计、制造和使用非线性负载时，采取有力的抑制谐波的措施，减小谐波侵入电网，从而真正减少由于谐波污染带来的巨大经济损失。

第十节 大型电动机启动分析

大型电动机的应用越来越多，大型电动机的启动方法也越来越受到人们的重视。非常大的启动电流和启动过程中，非常低的功率因数是电动机启动时对电网造成严重影响的根源，大型电动机的启动可能把电网电压拉低很多，以致影响相邻的电动机的正常运行，使其停转或堵转，进一步加重这种不良影响。因此，大型电动机一般是不允许直接启动的，总是要采取一些措施以减少或全部消除电动机启动对电网的冲击。

一、电动机直接全压启动的危害性及软启动的优点

（1）引起电网电压波动，影响同电网其他设备的运行。交流电动机在全压直接启动时，启动电流会达到额定电流的 5～8 倍，当电动机的容量相对较大时，该启动电流会引起电网电压的急剧下降，影响同电网其他设备的正常运行。

软启动时，启动电流一般为额定电流的 2～3 倍，电网电压波动率一般在 10%以内，对其他设备的影响非常小。

（2）对电网的影响。对电网的影响主要表现在两个方面：

1）超大型电动机直接启动的大电流对电网的冲击几乎类似于三相短路对电网的冲击，常常会引发功率振荡，使电网失去稳定。

2）启动电流中含有大量的高次谐波，会与电网电路参数引起高频谐振，造成继电保护误动作、自动控制失灵等故障。

软启动时启动电流大幅度降低，以上影响可完全免除。

（3）电动力对电动机的伤害。大电流在电动机定子线圈和转子鼠笼条上产生很大的冲击力，会造成夹紧装置松动、线圈变形、鼠笼条断裂等

故障。

软启动时，由于最大电流小，则冲击力大大减轻。

（4）对机械设备的伤害。全压直接启动时的启动转矩大约为额定转矩的 2 倍，这么大的力矩突然加在静止的机械设备上，会加速齿轮磨损甚至打齿、加速皮带磨损甚至拉断皮带、加速风叶疲劳甚至折断风叶等。

软启动的转矩不会超过额定转矩，上述弊端可以完全克服。

（5）伤害电动机绝缘，降低电动机寿命。大电流产生的焦耳热反复作用于导线外绝缘，使绝缘加速老化、寿命降低。大电流产生的机械力使导线相互摩擦，降低绝缘寿命。

软启动时，最大电流降低一半左右，瞬间发热量仅为直接启动的 1/4 左右，绝缘寿命会大大延长。

当采用减压启动时，上述危害只有一定程度的降低；独立变压器供电方式直接启动只能在电网电压波动方面有所缓解，而其他方面的危害都照样存在。大型电动机的价值都很高，在生产中也都起着核心作用，其一点故障便会造成很大的经济损失，对它采用完善的保护是非常必要的。

二、几种软启动方法

低压电动机软启动装置现在已有很多应用，它限制了电动机的启动电流（一般在 3 倍额定电流以下），减小了对电网的冲击，提高了供电质量，提高了电动机及机械设备的寿命，提高了生产效率。下面是几种被采用的软启动方式。

（1）用变频器来做软启动装置。用变频器来启动电动机，其启动性能很好，但变频器价格昂贵，另外由于变频技术还处于发展时期，其可靠性还不是很高，用户的维修技术还跟不上，这便是这种方法尚不是应用很多的原因，一般都在进口设备上采用。

用变频器来启动电动机，可以做到无操作过电压，但变频器的输出电压中含有大量的高次谐波，也会对电动机造成伤害。

（2）采用晶闸管软启动装置。采用晶闸管的软启动装置对元器件特性参数的一致性要求很高，元器件的筛选率很低，而且筛选仪器的价格很高，这致使装置的价格较高。另外在使用一段时间后，元器件的参数还会发生变化，使元器件的均压性能降低，极易造成整串元器件的损坏，使这种装置的可靠性降低，一旦元器件损坏，用户很难修复，另外价格也很高，所以现在应用的还比较少。

晶闸管软启动装置的输出电压连续可调（从零开始），因而不会产生过电压。

（3）水电阻和液变电阻式软启动装置。水电阻式是靠极板的移动和大电流使水汽化（极板表面）形成高电阻改变液体的电阻来控制启动电流（电压），而液变电阻是靠掺入杂质的多少，极板的大小及大电流使极板附近的水汽化产生的高电阻来控制启动电流。

水电阻和液变电阻式软启动装置受环境温度的影响比较大，主要是由于对汽化电阻的影响较大，因此启动电流控制不准确，另外两者在启动时会产生很大的能量损耗，使水温迅速升高，所以对连续启动次数是有限制的。

液变电阻软启动装置以电流为调节变量，由于液变电阻受环境温度的影响较大，有时会发生汽化电阻太大，启动电流不能达到此最大值的情况，这时电动机会长时间达不到额定转速，造成启动失败。如果第二次启动则必须等待降温，可能要几个小时，这种情况对连续化大生产的工厂来说是不允许的，造成的损失是不可估量的。水电阻式软启动装置由于极板是移动的，不会产生上述的问题，但是水的汽化压力会使极板剧烈振动，使其寿命缩短，在大功率电动机的情况下，这个问题将变得非常严重。

水电阻启动电动机时，水电阻串在电动机的末端（如图 3–22 所示），高压开关的前面是电源，后面是电动机定子绕组。开关关合时，全压加在电动机绕组的首端，产生操作过电压的情况与直接全压启动的情况时一样的。会对电动机绝缘造成极大的伤害。中、小型不经常启动的电动机使用水电阻（含液变）装置还是可以的，要加强维护以免发生事故；对于大型电动机和经常启停的电动机，使用该装置是有很大风险的，应该慎用。

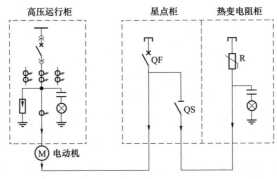

图 3-22　水电阻启动电动机的电气连接图

（4）变压器式电动机软启动装置。开关变压器技术使电动机软启动装置成为一种可靠性非常高的设备，最大容量可以做到 50 000kW，而且价格低，原设备改造方便。

开关变压器式电动机软启动装置是用开关变压器来隔离高压和低压，开关变压器的低压绕组与晶闸管和控制系统相连，通过改变其低压绕组上电压来改变高压绕组上的电压，从而达到改变电动机端电压的目的，以实现电动机的软启动。

开关变压器低压侧的电压很低，不必采用晶闸管的串联技术。开关变压器也是一种高可靠性设备，因此，由此项技术构成的软启动装置具有很高的可靠性。由于该装置的输出电压可以从零起连续可调，因此在启动时也不会产生操作过电压，可以有效地延长电动机的使用寿命。

（5）降补固态软启动装置。降补固态软启动装置由具有稳定系统电压、控制电动机端电压、限制启动电流等功能的三相平衡降压控制装置组成。当电动机通过该装置接入电源时，电动机端电压被控制在需要的范围内并随着启动过程逐步升高，启动转矩逐步增加，以实现电动机平稳启动且降低启动电流的目的。同时电动机启动所产生的无功功率受到限制而不能进入电网，从而最大限度地降低了电动机启动对电网电压的影响。

在电动机端并联电容直接提高了机端等效电阻，这样有利于电动机端电压的提高。从产生无功的角度看，电容可以提供部分电动机启动所需要的无功，从而减小对电网的影响。为了进一步减小对电网的冲击，或者说减小回路电流，用变压器将电动机与母线连接。

降补固态软启动装置可以在保证电动机端电压的同时，即电动机有足够大的启动电流来满足负载要求，把回路电流控制在 2 倍额定电流以内，从而很大限度地减小了电动机启动时对电网的影响。随着电动机转速的增加，机端电压会逐渐抬升，在这个过程中逐级切除电容器，在接近额定转速左右，电容器将全部从系统退出。在轻载状态，动转矩大于阻转矩，电动机转速将继续增加以至接近同步速，这个状态的平衡点是在转矩—转速曲线中，转矩与负载转矩相等的地方。而电动机的等效阻抗是随着转速的增大而增加，对应的就是电流的减小。当电流下降到80%电动机额定电流时，接入缓冲装置，给电动机加上全压，然后将降补固态软启动装置退出，启动过程完成。

大型高压电动机价格昂贵，在各行业的生产运行中起核心作用，对它进行有效的保护是非常必要的。软启动装置虽然工作时间短，但其重要作用不可轻视。比较各种软启动方式的优缺点，根据各自的具体情况可从中选择出适合的最佳软启动方案。

第十一节　风电并网和运行安全供电分析

与常规电源相比，风电场的输出功率受人为因素干预较小，几乎完全由自然条件决定。随机变化的风速、风向导致风电场输出功率具有波动性、间歇性、随机性的特点，大量风电场集中并网会对电网的安全、稳定、经济运行带来影响，并成为限制电网接纳风电的主要障碍之一，风电并网和运行已成为风电发展的核心问题。

风电是一种清洁能源，风电场接入电网后，在向电网提供清洁能源的同时，因风力随自然条件变化影响，风速与风向发生不断的、随机的变化，本身具有不可控、不可调的特征，造成风力发电出力的随机性和间歇性，给电网的运行带来一些负面影响。而电网必须按照发、供、用同时完成的规律，连续、安全、可靠、稳定地向客户提供频率、电压合格的优质电力。因此，必须高度重视发展风电对电网安全、优质、经济运行带来的影响。

一、政府管理是风电发展的导向

2006年1月1日《中华人民共和国可再生能源法》正式施行以来，新能源建设步伐明显加快，呈现出良好的发展势头。为了促进风电发展，我国先后出台了许多政策，取得了良好效果。

当前，我国风电已经正式步入了规模化发展的阶段，而且产业基础有了明显改观，政策的着眼点已经从过去促进产业发展、建立装备和技术基础，转向产业的升级换代以及解决大规模风电并网和消纳方面。从政府管理来看，要做好规划和建设的衔接工作，强化全国风电规划的调控作用，做到全国规划与地方规划有效衔接，建立风电项目与电网配套工程的同步规划、同步投产机制。国家电网公司制订的"十二五"电网发展规划，专题开展了风电输电规划研究，形成了包括主网架规划、配电网规划、智能化规划和通信网规划的成果报告体系。采取多种措施提高电网对风电的接纳能力，加快跨区跨省电网建设，扩大风电消纳范围，提高电网智能化水平，实现风电友好接入和协调控制，推进抽水蓄能电站等调峰基础设施建设，以增强电网调峰能力。通过加强跨区电网建设、构建"三华"电网，全国风电消纳能力可提高1倍以上。

2009年5月21日，国家电网公司首次向社会公布了智能电网的发展计划。根据此项计划，智能电网在中国的发展将分为3个阶段，最终的目标是到2020年，全面建成统一的坚强智能电网。通过建设坚强智能电网，实现可再生能源集约化开发，大规模、远距离输送和高效利用，改善能源结构，促进资源节约型、环境友好型社会建设。通过建设坚强智能电网，实现各类集中/分布式电源、储能装置和用电设施并网接入标准化，电网运行控制智能化，提高电力系统资产的运营效益和全社会的能源效率，促进经济社会的可持续发展。智能电网能够解决风电并网的远距离传输，以及调度控制问题。

二、加强风电设备性能和风电场运行管理

我国已经具备相当规模的风电装备制造能力，为促进风电场和电网的安全可靠运行，2009 年 12 月 22 日国家电网公司发布了 Q/GDW 392—2009《风电场接入电网技术规定》，提出了风电场接入电网的技术要求；为加强风电场调度运行管理，2010 年 2 月 24 日国家电网公司发布了 Q/GDW 432—2010《风电调度运行管理规范》；2011 年山东电网制定了《山东电网风电调度管理规定》及《山东电网新建风电场并网验收流程》。

（1）风电场建立风力测量及功率预测系统。风电场应配置风电功率预测系统，具有 0～48h 时短期风电功率预测以及 15min～4h 超短期风电功率预测功能，预测值的时间分辨率为 15min。

进行风电功率预测不仅会给整个电力系统带来价值，也会给单一的风电场带来效益。对风电场的输出功率进行预测被认为是提高电网调峰能力、增强电网接纳风力发电能力，改善电力系统运行安全性与经济性的最有效、最经济的手段之一。通过预测，风电将从未知变为基本已知，调度运行人员可以根据预测的波动情况，通过合理安排电网的运行方式，保证整个电力系统和风电场的安全运行；而将功率预测与负荷预测相结合，还有利于调度运行人员调整和优化常规电源的发电计划，改善电网调峰能力，增加风电的并网容量；根据风电功率预测结果，只需增加对应预测误差的旋转备用容量，可以显著降低额外增加的旋转备用容量，对改善电力系统运行经济性，减少温室气体排放具有非常重要的意义。对于风力发电企业来说，风电功率预测还可以增强风电在电力市场中的竞争力，风电功率预测有助于发电企业合理安排检修计划，减少风机检修损失电量，提高企业的经济效益。

国家电网公司于 2011 年 3 月 3 日发布了 Q/GDW 588—2011《风电功率预测功能规范》，规定了风电功率预测系统的功能，主要包括术语和定义、预测建模数据准备、数据采集与处理、预测功能要求、统计分析、界面要求、安全防护要求、数据输出及性能要求等。

（2）风电场应配置有功功率控制系统。风电场应配置有功功率控制系

统，具备单机有功功率控制能力，接收并自动执行省调发送的有功功率控制信号，确保风电场有功功率值符合省调的给定值。风电场有功功率控制应根据省调统一安排逐步实现 AGC 功能。在电网紧急情况下，风电场应能快速自动切除部分机组乃至整个风电场。

（3）风电场无功配置和电压调整。风电机组运行在不同输出功率时，其功率因数应在-0.95～+0.95 变化范围之间可控。风电场须安装动态无功补偿装置，补偿容量应满足 Q/GDW 392—2009《风电场接入电网技术规定》和省调要求。风电场无功功率的调节范围和响应速度，应满足风电场并网点电压调节的要求。电网电压正常时，风电场应能自动调整并网点电压在额定电压的 97%～107%。

风电场应配置无功电压控制系统，根据电网调度部门指令，风电场通过其无功电压控制系统自动调节整个风电场发出（或吸收）的无功功率，实现对并网点电压的控制，其调节速度和控制精度应能满足电网电压调节的要求。风电场无功电压控制应根据省调统一安排逐步实现 AVC 功能。

（4）风电场运行能力和电能质量要求。运行电压要求：① 当风电场并网点的电压偏差为-10%～+10%时，风电场应能正常运行。② 当风电场并网点电压偏差超过+10%时，风电场的运行状态由风电场所选用风力发电机组的性能确定。

运行频率要求：① 风电场应能在 49.5～50.2Hz 频率范围内连续运行；在 48～49.5Hz 频率范围内，每次频率低于 49.5Hz 时要求至少能运行 30min。② 频率 50.2～51Hz 时，每次频率高于 50.2Hz 时，要求至少能运行 2min；并且当频率高于 50.2Hz 时，不能有其他的风力发电机组启动。③ 频率高于 51Hz 时，风电场机组逐步退出运行或根据电力调度部门的指令限出力运行。

低电压穿越能力：① 风电场内的风电机组具有在并网点电压跌至 20%额定电压时能够保证不脱网连续运行 625ms 的能力。② 风电场并网点电压在发生跌落后 2s 内能够恢复到额定电压的 90%时，风电场内的风电机组能够保证不脱网连续运行。③ 电网故障期间没有切出电网的风电场，其有功功率在电网故障清除后应快速恢复，以至少每秒 10%额定功率的功率变化率恢复至故障前的值。

风电场应配置电能质量监测设备，实时监测风电场电能质量指标满足Q/GDW 392—2009《风电场接入电网技术规定》，电能质量应包括电压偏差、电压变动、闪变、谐波等指标，并按照调度要求能够上传有关信息。

三、加强电网调度管理

随着风电场装机容量的增加，以及风电装机在某个地区电网中所占比例的增加，其负面影响就可能成为风电并网的制约因素，主要表现在：风电场影响电网的调度计划和运行方式；影响电网的频率控制；影响电网的电压调整；影响电网的潮流分布；影响电网的电能质量；影响电网的故障水平和稳定性等。在大力发展风电的过程中，必须研究和解决风电并网可能带来的影响。

1. 风电场的运行对调度管理的影响

（1）对调度计划的影响。由于风速变化是随机性的，因此风电场的出力也是随机的。风电本身这种不可调度的特点，使其容量可信度低，给电网有功、无功平衡和调度计划带来困难。

目前，我们传统的发电计划、检修计划基于电源的可靠性以及负荷的可预测性，以这两点为基础，计划的制订和实施有了可靠的保证。但是，因为系统内含有风电场，风电场出力有极大的随机性，计划的制订变得困难起来。由于自然界的风速不断地变化，风力发电机的出力也随时变化。当风速大于切入风速（一般为 3m/s）时，风力发电机启动挂网运行；当风速低于切入风速时，风机停机并与电网解列。当风速大于切出风速（一般为 25m/s，最新的 5MW 风机可达 30m/s）时，为保证风力发电机组的安全，风机也要停机。因此风力发电机出力有较大的随机性，一天内可能有多次启动并网和停机解列。不稳定的功率输出会给电网的运行带来许多问题，风电的波动需要通过常规电源的调节和储能系统来平衡，这是长期困扰风电并网的最大难题，如果把风电场看作电源，可靠性没有保证。因此，在系统风电容量达到一定的规模后，风电的随机性和不可预测性会给传统的调度安排和实施带来难度。例如，某 220kV 甲变电站接入的风电场总容量为 444MW，在安排甲变电站检修方式时，必须考虑风电场机组的运行情况，特殊方式下，部分风电机组必须停运。因此，如果对风电场出力预测水平达不到工程实用程度，发电计划的制订变得困难起来。

风电场运行影响节假日电网运行方式和机组发电计划安排。在节假日大量厂矿企业放假，尤其是春节期间，电网用电负荷大幅下降。因风电机组出力受来风的影响，如果将风电机组纳入电网的调峰和调压，则必须正确预测未来 24h 的风力情况，才能制订风力发电曲线，在目前技术水平下，还无法做到这一点，所以，风电场参加电网的调峰，势必会增加电网运行难度。在机组的发电计划上，因为火电机组的调整能力强，安排部分机组担任电网的调频、调压任务，一般要求某个时段风电场停运，以保证电网的安全稳定运行。

（2）对电网稳定性的影响。随着风电规模越来越大，并网接入电压等级越来越高，由于风力发电的间歇性，将导致并网线路的输送功率大幅度的变化，进而引起线路充电功率的大起大落，电网必须具有足够的备用容量和调节能力，才能实现电网电压和频率的有效控制。

首先，电压稳定性方面，由于风电场都远离并网变电站，呈现出经过长距离输送，然后经一点接入的特点，大规模风电机群集中建设，在遭受风速扰动或其他系统故障时，风电场输出功率的波动以及风电机群的动态特性，将对电网造成一定的影响，其影响程度一般要大于风电场分散接入时的情况。当风速超过切出风速或发生故障时，风力发电机会从额定出力状态自动退出，与电网解列，风力发电机组的脱网会导致电网电压的突降。当电网故障或受到冲击出现电压闪变时，风电机组往往采取切机逃匿方式保护机组，使电网事故处理变得更加困难。当风电接入容量较大，因并网变电站配出负荷量较小，大量有功功率会通过并网变电站的变压器外送，从而导致在某些运行方式下地区电网电压稳定性降低。

其次，频率稳定性方面，随着风电大规模接入系统，风电在系统比例越来越大，其输出功率的随机波动性对电网频率的影响显著。当电力系统遇到扰动时，往往会造成电压降低，并可能导致不具备低电压穿越能力的风电机组跳机；同时，部分具备低电压穿越能力的风电机组在穿越过程中有功功率降低。消除该影响的主要措施是提高系统的备用容量和采取优化的调度运行方式。当电力系统较大、联系紧密时，频率问题不显著。

风电场一般分布在距电力主系统和负荷中心较远的偏远地区或沿海区域，与相对较为薄弱的电网相连。接入风电场较多的变电站，在风电场集中发电的情况下，通过并网线向主网倒送，如果线路故障，风电功率波动引起频率波动，因此，考虑风电场突然功率全停时并网点频率波动的限制，风电容量不能太大或并网点不能集中。

（3）对电网潮流的影响。风力发电并网将直接影响电网的潮流分布和事故后的潮流转移。多种因素均可能导致风机大量脱网，引起电网潮流出现较大波动和转移。其中，风速是影响风机运行的重要因素，当风速小于3m/s 或风速大于 25m/s 时，并网的风机将自动脱网，较多风机可能会受到区域气象的影响而集体脱网。另外，对于不具备低电压穿越能力的风机，当出现故障电压短时波动时也可能导致风机脱网，若风机数量很多，则电网潮流也将发生大规模转移。

（4）影响电网电能质量。风电是优质能源，但不是优质电力，风电并网和运行给电力系统带来电压闪变和谐波问题，影响电网电能质量。

1）电压闪变。风力发电机组大多采用软并网方式，但是在启动时仍会产生较大的冲击电流。当风速超过切出风速时，风机会从额定出力状态自动退出运行。如果整个风电场所有风机几乎同时动作，这种冲击对电网的影响十分明显，容易造成电压闪变与电压波动。不但如此，风速的变化和风机的塔影效应都会导致风机出力的波动，因此，风机在正常运行时也会给电网带来闪变问题，影响电能质量。塔影效应是风力发电机在发电的过程中出现的一种负面效果，主要是对于下风向风力机，由于一部分空气通过塔架后再吹向风轮，这样，塔架就干扰了流过叶片的气流而形成所谓塔影效应，会导致风机出力的波动，使发电机的性能有所降低。

2）谐波。产生谐波的途径主要有两种：一种是风机本身配备的电力电子装置，可能带来谐波问题；另一种是风机的并联补偿电容器可能和线路电抗发生谐振，在风电场出口变压器的低压侧产生大量的谐波，影响电网电能质量。

（5）对电网继电保护的影响。对于并入电网运行的风电场容量较小的情况，在电力系统保护配置和整定计算时往往未考虑风电场的影响，而是简单地将风电场视为一个负荷，或将风力发电机作为同步发电机处理，不考虑其提供的短路电流；然而，当大规模风电场接入系统时，在电网发生故障时风力发电机将向短路点提供持续的短路电流，风电场附近节点的短路容量明显增加，在此情况下，故应考虑已有设备的短路容量校核，如果系统保护配置和整定计算仍不考虑风电场的影响，实际运行时可能导致保护装置的误动。

2. 接纳大容量风电场的应对措施

风力发电作为一种绿色能源有着改善能源结构、经济环保等方面的优势，许多未知的运行特性需要认识、了解和熟悉。为加强风电调度运行管理，保障电力系统安全、优质、经济运行，规范电网调度机构和风电场的调度运行管理，针对风力发电的特点和风电调度运行中所面临的问题，国家电网公司制定了 Q/GDW 432—2010《风电调度运行管理规范》等标准、规程。

在实际工作中，由于缺少准确的风机模型及计算参数，风电场接入对电网运行的影响尚有待于进一步研究，从以下方面加强对风电场的调度运行管理工作。

（1）为保证风电场设备及电网的安全运行，风电企业应按照国家电力行业技术监督的要求，定期进行设备的检修，同时要坚持统一调度、分级管理的原则，服从调度的统一指挥，严格遵守调度纪律，保证电网的安全稳定运行。

（2）在电网建设方面，应根据电网电源建设情况，加强风电场与电网统一规划，充分考虑电网结构、调节能力和负荷特性，研究确定并网变电站所能承受的最大风电容量，坚持风电场的有序开发和分散开发相结合，有效解决单个变电站风电场并网多、容量大的问题，彻底解决局部区域大规模的风电场对电网安全稳定运行的影响。

（3）各风电场严格按照电气设备交接验收试验规程，加强电气设备交接试验和投产验收。如 2011 年 12 月 27 日，东营广饶国华风电场并网工程严格按照《山东电网新建风电场并网验收流程》及《风电场接入电网技术规定》对该工程进行验收，重点对风机低电压穿越能力、动态无功补偿装置在线监测系统、调度技术支持系统及风功率预测系统进行现场验收。

（4）随着科技的进步，应逐步提高对风电出力预测的准确性，有助于提高电网接纳风电的能力及安全经济运行，着力改善风电场的控制能力，使风电场在某些方面接近常规发电厂的控制性能，以利于制订调度计划，优化系统运行。

（5）虽然风电场机组本身带有无功补偿装置和消谐装置，但风电场的接入，风电机组大量电子装置必然造成对电网的谐波污染，在风电场并网场站加装电能质量分析仪，对注入电网的谐波分量进行监视，以便采取有效的措施。

（6）加强大风期间的运行监视与分析，优化电网运行方式安排，制定合理的反事故预案，做好事故预想，确保电网安全稳定运行。

（7）做好风电场涉网保护定值整定梳理工作，特别是风电机组的主控定值和变流器定值等应与低电压穿越功能相配合，低电压保护、过电压保护和频率保护等应与电网保护相协调，充分发挥在运风电机组所具有的抵御扰动的能力。

（8）正确整定风电场并网变电站的定值。根据 Q/GDW 392—2009《风电场接入电网技术规定》要求风电场低电压穿越能力：风电场内的风电机组具有在并网点电压跌至 20%额定电压时能够保证不脱网连续运行 625ms 的能力。风电场并网变电站中、低压侧其他出线故障时应保证在并网点电压跌至 20%额定电压时，切除故障的时间应不超过 0.3s。

（9）全面梳理风电场和机组低电压穿越能力，对于低电压穿越能力不合格的风电机组，在技术可行的前提下，风电场应制订切实可行的整改计划。

（10）加强风电场无功补偿装置运行管理，督促风电场投入 SVC 等动态无功补偿设备的自动调整功能，并确保发生故障时电容器支路和电抗器支路能正确投切。

（11）督促风电场开展 35kV 及 10kV 小电流接地系统的深入研究和完善改造，实现风电场汇集线单相故障的快速切除，避免故障扩大。

（12）收集积累风电场的运行资料，风电机组的运行参数，建立风电场机组参数模型库，研究探讨风电机组对电网短路电流、系统稳定性的影响，提高调度管理风电场运行的水平，进一步改善其并网性能，降低风电并网对电网调度管理带来的负面影响，提高电网的稳定运行水平。

随着国家能源结构的调整，大量风电场并入电网运行，风电场的容量越来越大，对电力系统的影响也越来越明显，风电的随机性使风电场输入系统的有功功率处于不易控制的变化之中，相应的风电场吸收的无功功率也处于变化之中；在系统重负荷或者临近功率极限运行时，风速的突然变化将扰动系统电压失稳；风电也给发电和运行计划的制订带来很多困难。通过开展前瞻性研究工作，及时跟踪、分析风电等新型能源机组的建设与运营，积极搜集有关技术资料，学习和探索新型能源机组并网对电网运行的影响，逐步积累经验，保证电网的安全稳定运行。

第四章

电力网参数计算和管理

在进行电力网计算和分析时，一般用电力网的电气参数及等值电路来表示。电网参数是整定计算的基础，电网参数正确，整定计算的定值才可能正确，因此必须重视电网参数的管理和计算。构成电力网的主要元件有输电线路、变压器、发电机和电抗器等。本章讨论这些元件在继电保护整定计算中的实用参数计算与管理。

第一节 标 幺 值

在短路故障分析中，可以用有名值进行计算分析，如电压单位用 kV、电流单位用 kA、阻抗单位用 Ω、功率单位用 W 等，这种将实际数字和明确的物理量纲相结合的物理量值称为有名值，有名值的特点是量值的物理概念清楚。但是，实际电力网的结构均十分复杂，在实际电力系统的工程计算中，常采用标幺值进行分析计算，使计算过程简化。

一、标幺值的定义

一个物理量的标幺值是有名值与具有同样单位的一个基准值的比值，其表示式为

$$标幺值 = \frac{有名值（有名值单位）}{基准值（与有名值同单位）} \qquad (4-1)$$

$$有名值 = 标幺值 \times 基准值 \qquad (4-2)$$

标幺值是以基准值的倍数描述一个物理量，没有单位，标幺值实际上

是一个相对数值。确定一个物理量的标幺值首先需要选定其相应的基准值。例如，若选取电压的基准值为 110kV，实际电压为 121、110、105kV 的标幺值分别为 1.10、1.00、0.95。同一个物理量值，如果基准值选择不同，标幺值也不同。例如实际电压为 10.5kV，若选取 10.5kV 为电压的基准值，则电压的标幺值为 1；若选取电压的基准值为 10kV，则其标幺值为 1.05。

二、常用的电力网参数及变量的标幺值

根据定义公式，常用的电力网参数及变量的标幺值表示如下。

阻抗标幺值

$$Z_* = \frac{Z}{Z_B}, \quad R_* = \frac{R}{Z_B}, \quad X_* = \frac{X}{Z_B} \tag{4-3}$$

电压、电流标幺值

$$U_* = \frac{U}{U_B}, \quad I_* = \frac{I}{I_B} \tag{4-4}$$

功率标幺值

$$S_* = \frac{S}{S_B}, \quad P_* = \frac{P}{S_B}, \quad Q_* = \frac{Q}{S_B} \tag{4-5}$$

式（4-3）～式（4-5）中有*号的下标量为标幺值；有 B 字母下标的量为基准值；无下标的量为实际有名值。

三、基准值的选取方法

计算各物理量的标幺值首先要选取相应的基准值。单纯从标幺值的定义考虑，各物理量的基准值可以随意选取，不必顾及与其他物理量之间的关系。但实际上，为了在用标幺值计算时，仍能使用电路理论的基本公式，各物理量的基准值之间需要满足一定的关系。

1. 基准值之间的关系

已知三相电路电流、电压、功率有名值之间的关系为

$$U = \sqrt{3}IZ \tag{4-6}$$

$$S = \sqrt{3}UI \tag{4-7}$$

将式（4-3）、式（4-4）表示的电流、电压、阻抗标幺值与基准值关系

代入式（4-6）后得到

$$U = U_* U_B = I_* Z_* \sqrt{3} I_B Z_B$$

由此得到

$$U_* = I_* Z_* \frac{\sqrt{3} I_B Z_B}{U_B} \tag{4-8}$$

把式（4-4）、式（4-5）代入式（4-7）后得到

$$S = S_* S_B = U_* I_* \sqrt{3} U_B I_B$$

所以

$$S_* = U_* I_* \frac{\sqrt{3} U_B I_B}{S_B} \tag{4-9}$$

基准值之间满足以下关系

$$U_B = \sqrt{3} Z_B I_B \tag{4-10}$$

$$S_B = \sqrt{3} U_B I_B \tag{4-11}$$

所以标幺值计算的简单公式为

$$U_* = I_* Z_* \tag{4-12}$$

$$S_* = U_* I_* \tag{4-13}$$

对于单相电路，因为

$$U_{ph} = IZ , \quad S_{ph} = U_{ph} I \tag{4-14}$$

将式（4-3）～式（4-5）代入式（4-14）后得到

$$U_{*ph} = I_* Z_* \frac{I_B Z_B}{U_{Bph}} , \quad S_{*ph} = U_{*ph} I_* \frac{U_{Bph} I_B}{S_{Bph}}$$

单相电路基准值之间满足以下关系

$$U_{Bph} = I_B Z_B , \quad S_{Bph} = U_{Bph} I_B \tag{4-15}$$

所以单相电路标幺值表示的简单公式为

$$U_{*ph} = I_* Z_* \tag{4-16}$$

$$S_{*ph} = U_{*ph} I_* \tag{4-17}$$

三相基准值与单相基准值之间还需满足相、线之间的关系，即

$$U_B = \sqrt{3}U_{Bph}, \quad S_B = \sqrt{3}S_{Bph}$$

由以上推导可知单相标幺值与三相标幺值相等，即

$$U_* = I_* Z_* = U_{*ph} \tag{4-18}$$

$$S_* = U_* I_* = S_{*ph} \tag{4-19}$$

上面讨论的 S_B、U_B、I_B、Z_B 四个基准值服从式（4-10）、式（4-11）的关系，其中只有两个是独立的，因而实际上只要随意选定两个基准值，其他两个基准值可以用式（4-10）、式（4-11）求出。实际工程计算中常首先选取功率基准值 S_B 及电压基准值 U_B，而电流及阻抗的基准值根据式（4-10）、式（4-11）求取。

2. 各物理量基准值的选取

功率基准值 S_B 的选取，原则上可以是任意的，为了计算方便，此处故障计算的基准容量选定为 1000MVA。

选取电压基准值 U_B 常用的有两种方法：① 以设备的或电力网的额定电压作为基准值；② 以所谓电力网平均电压作为基准值。

例如，基准值可选取如下：

1）基准容量 S_B = 1000MVA；

2）基准电压 $U_B = U_N$（220、110、35、10、6kV）；

3）基准电流 $I_B = \dfrac{S_B}{\sqrt{3}U_B}$。

各电压等级的基准电流见表 4-1。

表 4-1　　　　　　　　各电压等级的基准电流

U_B（kV）	220	110	35	10	6
I_B（A）	2624	5249	16 496	57 735	96 225

4）基准阻抗 $Z_B = \dfrac{U_B}{\sqrt{3}I_B} = \dfrac{U_B^2}{S_B}$

各电压等级的基准阻抗见表 4–2。

表 4–2　　　　　　　　　各电压等级的基准阻抗

U_B（kV）	220	110	35	10	6
Z_B（A）	48.4	12.1	1.225	0.100	0.036

四、不同电压等级网络标幺值的计算

在实际工程计算中，选择各级的基准电压值及统一的基准功率，依此基准把各元件的参数换算成标幺值。不需按不同电压等级变比来回归算，使计算大大简化。

标幺值在电力系统计算中得到普遍采用，其主要优点简要归纳为：

（1）三相计算公式与单相计算公式相同，不必考虑相电压、线电压，三相功率、单相功率的差别。

（2）多级电压网中可以避免烦琐的按不同电压等级变比来回归算，使计算大大简化。

（3）容易对计算结果做分析、比较及判断正、误。

标幺值的缺点：无量纲、物理概念不明确。

第二节　对称分量法

由电工基本原理得到，一组不对称的三个电气量可分解为正序、负序和零序三组电气分量。假定 $\dot{F}_A$、$\dot{F}_B$、$\dot{F}_C$ 代表不对称的三个电气量（电流或电压），用 $\dot{F}_1$、$\dot{F}_2$、$\dot{F}_0$ 代表正序、负序和零序三个电气分量。令 A 相为基准相时，有关系式如下

$$\dot{F}_A = \dot{F}_{A1} + \dot{F}_{A2} + \dot{F}_{A0}$$

$$\dot{F}_B = \dot{F}_{B1} + \dot{F}_{B2} + \dot{F}_{B0} = a^2 \dot{F}_{A1} + a \dot{F}_{A2} + \dot{F}_{A0}$$

$$\dot{F}_C = \dot{F}_{C1} + \dot{F}_{C2} + \dot{F}_{C0} = a \dot{F}_{A1} + a^2 \dot{F}_{A2} + \dot{F}_{A0}$$

$$\left.\begin{aligned}
\dot{F}_{A0} &= \frac{1}{3}\left(\dot{F}_A + \dot{F}_B + \dot{F}_C\right) \\
\dot{F}_{A1} &= \frac{1}{3}\left(\dot{F}_A + a\dot{F}_B + a^2\dot{F}_C\right) \\
\dot{F}_{A2} &= \frac{1}{3}\left(\dot{F}_A + a^2\dot{F}_B + a\dot{F}_C\right)
\end{aligned}\right\} \qquad (4\text{-}20)$$

（1）正序分量：三相量大小相等，彼此相位互差 120°，且与系统在正常对称运行方式下的相序相同。正序分量示意图见图 4-1。

（2）负序分量：三相量大小相等，彼此相位互差 120°，且与系统在正常对称运行方式下的相序相反。负序分量示意图见图 4-2。

（3）零序分量：由大小相等，而相位相同的相量组成。零序分量示意图见图 4-3。

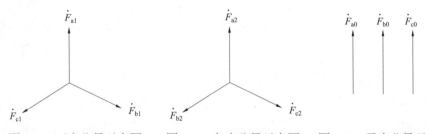

图 4-1　正序分量示意图　　图 4-2　负序分量示意图　　图 4-3　零序分量示意图

第三节　电网参数计算

DL/T 559—2018《220kV～750kV 电网继电保护装置运行整定规程》及 DL/T 584—2017《3kV～110kV 电网继电保护装置运行整定规程》规定的部分设备应采用实测参数，变压器、发电机、电抗器等电气设备的参数从厂家提供的试验报告中获取。按照规程规定，对整定计算中相关参数进行合理简化，如忽略发电机、变压器、电抗器等阻抗参数的电阻部分。但要注意简化的前提，如对阻抗参数电阻部分的忽略，当电阻与电抗之比 $R/X > 0.3$ 时，电阻部分不能忽略，采用阻抗值 $Z = \sqrt{R^2 + X^2}$。

一、输电线路参数计算

1. 输电线路单位长度电阻

由电路理论知，每相导线单位长度的电阻可按下式计算

$$r_1 = \frac{\rho}{S} \tag{4-21}$$

式中　r_1——导线单位长度的电阻，Ω/km；

　　　ρ——导线材料的电阻率，$\Omega \cdot \text{mm}^2/\text{km}$；

　　　S——导线的截面面积，mm^2。

在电力系统计算中，由于下述三个原因，使得导线的实际电阻不同于直流电阻。

（1）在交流电路中，由于集肤效应和邻近效应的影响，使导线的交流电阻比直流电阻要大。

（2）输电线路大都采用多股绞线，由于扭绞，使每股导线的实际长度比导线本身长度长 2%～3%。

（3）导线的实际截面面积与标称截面面积略有出入。

实际应用中，导线的电阻除必要时进行实测外，为了使用方便，工程上已将各类导线单位长度的有效电阻计算值列在相关手册中，可直接查阅。如温度为 20℃时，有

铝导线　　$\rho = 31.50\Omega \cdot \text{mm}^2/\text{km}$

铜导线　　$\rho = 18.80\Omega \cdot \text{mm}^2/\text{km}$

由相关手册查得电阻值一般为温度为 20℃时的值，而电阻值是与温度有关的，在精度要求较高时，温度为 t 时的电阻值可由下式修正

$$r_1 = r_{20}[1 + \alpha(t - 20°)] \tag{4-22}$$

式中　r_1、r_{20}——环境温度为 t 和 20℃时导线单位长度电阻，Ω/km；

　　　α——电阻温度系数。

2. 输电线路单位长度电抗

（1）单根导线型线路电抗：线路的电抗是由于导线中有交流电流通过时，在导线周围产生磁场而形成的。三相线路对称排列或虽不对称排列但

经整循环换位后，每相导线单位长度的电抗可按下式计算

$$X_1 = 2\pi f \left(4.6 \lg \frac{D_m}{r} + 0.5\mu \right) \times 10^{-4} \qquad (4\text{--}23)$$

其中

$$D_m = \sqrt[3]{D_{AB}D_{BC}D_{CA}} \qquad (4\text{--}24)$$

式中 X_1 ——导线单位长度的电抗，Ω/km；

         r ——导线外半径，mm；

         μ ——导线材料的相对导磁系数，铝和铜 μ=1；

         f ——交流电的频率，Hz；

         D_m ——三相导线间的几何平均距离，简称几何均距，mm；

D_{AB}、D_{BC}、D_{CA} ——AB 相之间、BC 相之间、CA 相之间的距离。

若三相导线在杆塔上布置成等边三角形，$D_m = D$，D 为等边三角形的边长（见图 4–4）；若布置成水平形，几何均距 $D_m = \sqrt[3]{2D^3} = 1.26\,D$。

将 f=50，μ=1 代入式（4–23），得出每相导线单位长度的电抗为

$$X_1 = 0.144\,5 \lg \frac{D_m}{r} + 0.015\,7 \qquad (4\text{--}25)$$

不同型号导线在不同几何均距下单位长度的电抗均可在相关手册中查到。

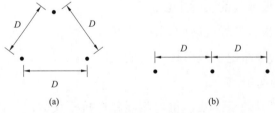

图 4–4   三相导线的布置形式

（a）正三角布置；（b）水平布置

当三相导线不是布置在等边三角形的顶点上时，各相导线的电抗值不相同，如果不采取措施，将导致电力网运行不对称。消除的办法是进行输电线路各相导线的换位，换位方法如图 4–5 所示。这里表示一个整循环（一周）换位的情况，由三个线段组成，每相导线都经过空间的三个不同位置。

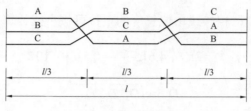

图 4-5 一次整循环换位

（2）分裂导线型线路电抗：对于高压及超高压远距离输电线路，为了减少输电线路的电晕损耗及线路电抗，以增加输电线路的输送能力，普遍采用分裂导线。分裂导线的采用，等效地增大了导线半径，因而减小导线电抗。

根据理论分析推导，分裂导线单位长度电抗可由下式计算

$$X_1 = 0.144\,5 \lg \frac{D_m}{r_{eq}} + \frac{0.015\,7}{n} \qquad (4\text{--}26)$$

$$r_{eq} = \sqrt[n]{ra^{n-1}} \qquad (4\text{--}27)$$

式中 n ——每一相分裂导线的根数；

r_{eq} ——分裂导线的等值半径；

r ——每根导线的实际半径；

a ——一根分裂导线间的几何均距。

分裂导线的线路电抗较单根导线的线路电抗减小约 20% 以上，视每相的分裂数及结构而定。

对于同杆架设的双回线，每一相线路电抗不仅取决于该线路本身电流所产生的磁通，而且和另一回线路电流产生的磁通相关。因为两回线路之间的互感影响在导线流过对称三相电流时并不大，在近似计算中可略去不计。

【例 4-1】 某三相双回输电线路，采用 LGJ–300 型导线，已知导线的相间距离为 D=6m，三相导线垂直排列布置，若忽略互感影响时，求：一回导线每千米输电线路的电抗值。

解：由相关手册中查到 LGJ–300 型导线的计算外径为 25.2mm，因而相

应的计算半径为

$$r = \frac{25.2}{2} = 12.6 \text{（mm）} = 12.6 \times 10^{-3} \text{m}$$

当三相导线垂直排列布置时，有

$$D_{\mathrm{m}} = 1.26 D = 1.26 \times 6 = 7.56 \text{（m）}$$

若忽略互感影响时，每千米线路的电抗值仍可按式（4–25）计算。

将各参数量代入式（4–25），得

$$X_1 = 0.144\ 5 \lg \frac{D_{\mathrm{m}}}{r} + 0.015\ 7 = 0.144\ 5 \lg \frac{7.56}{12.6 \times 10^{-3}} + 0.015\ 7$$

$$= 0.401\ 4 + 0.015\ 7 = 0.417 \text{（}\Omega/\text{km）}$$

3. 输电线路的阻抗

输电线路的阻抗按下式计算

$$Z_1 = R_1 + \mathrm{j} X_1 \tag{4–28}$$

式中　R_1——每相导线单位长度电阻；

　　　X_1——每相导线单位长度电抗。

一般情况下 110kV 及以上线路的零序参数经实测得到。在近似计算中，线路的零序阻抗按 3 倍的正序阻抗考虑，即

$$Z_0 = 3 Z_1 = 3(R_1 + \mathrm{j} X_1) \tag{4–29}$$

电缆线路的电气参数计算比架空线路复杂得多，这是由于三相导体相互距离很近，导线截面形状不同，绝缘介质不同，也即铅包（铝包）、钢铠影响等，通常采用实测办法。电缆正序参数因其只取决于电缆本身结构，所以可使用厂家提供的典型数据。

二、变压器参数计算

在电力系统计算中，由于变压器的阻抗中以电抗为主，也即变压器的电抗和阻抗数值上接近相等，从而忽略变压器阻抗参数的电阻部分。

1. 双绕组变压器参数计算

（1）双绕组变压器正序等效阻抗计算。双绕组变压器的计算参数从厂家提供的试验报告中的短路试验结果中获取。忽略变压器阻抗参数的电阻

部分，变压器的短路电压百分值 $U_k\%$ 与变压器的电抗有以下近似关系

$$U_k\% \approx \frac{\sqrt{3}I_N X_T}{U_N} \times 100$$

故

$$X_T \approx \frac{U_N}{\sqrt{3}I_N} \times \frac{U_k\%}{100} = \frac{U_k\% U_N^2}{100 S_N}$$

所以双绕组变压器高低压绕组的总电抗标幺值为

$$X_{T*} = \frac{X_T}{Z_B} = \frac{U_k\% U_N^2}{100 S_N Z_B} = \frac{U_k\% S_B}{100 S_N}\left(\frac{U_N}{U_B}\right)^2 \qquad (4-30)$$

式中　　X_T——变压器高低压绕组的总电抗；

　　X_{T*}——变压器高低压绕组的总电抗标幺值；

　　U_N——变压器的额定电压；

　　$U_k\%$——变压器的短路电压百分值；

　　S_N——变压器的额定容量；

　　S_B——变压器的基准容量；

　　U_B——电压基准值；

　　Z_B——阻抗基准值。

当变压器 $U_N = U_B$，或作近似计算时，双绕组变压器的电抗标幺值为

$$X_{T*} = \frac{U_k\% S_B}{100 S_N} \qquad (4-31)$$

【例 4-2】 某 35kV 变压器铭牌上标有：型号为 S11-3150/37/10.5，短路电压百分值 $U_k\%$ =6.87。额定电压 U_N =37kV，电压基准值 U_B =35kV。求：该变压器的电抗标幺值。

解： 由式（4-30）得该变压器的电抗标幺值为

$$X_{T*} = \frac{U_k\% S_B}{100 S_N}\left(\frac{U_N}{U_B}\right)^2 = \frac{6.87 \times 1\,000\,000}{100 \times 3150} \times \left(\frac{37}{35}\right)^2 = 24.373$$

（2）双绕组变压器零序阻抗标幺值计算。目前电网中用于接地系统中的双绕组变压器接线型式主要有 YNd11 双绕组变压器。双绕组变压器只有一个中性点接地，实测时只从高压侧加电压进行试验。

【例 4–3】 以 220kV 甲变电站 1 号变压器为例，变压器试验报告见表 4–3。变压器型号 SFPSZ9–120000/220（YNd11），基准阻抗值 Z_{B220}=48.4Ω。求：该变压器的零序阻抗的标幺值。

表 4–3　　甲变电站 1 号变压器试验报告（额定电压为 220/36.75kV）

供电端子	Z_0（Ω/相）
ABC，0	72

解： 依据试验报告得到变压器的零序阻抗的标幺值

$$X_{0T*} = \frac{Z_0}{Z_B} = \frac{72}{48.4} = 1.488$$

变压器零序阻抗与正序阻抗值比较结果是，零序阻抗值接近并略小于正序阻抗值。

DL/T 559—2018 及 DL/T 584—2017 规定，三相三柱式变压器的零序阻抗使用实测值。一般 220kV 变压器试验报告中均提供变压器的零序阻抗实测值。对于已经投入运行的 110kV 变压器，因小电源并网或者其他原因需要中性点接地时，若试验报告中没有提供变压器的零序阻抗实测值，其零序电抗可以按以下方法计算。

当 110kV 变压器的结构为三相三柱式时，由于零序磁通不能畅通，根据试验，零序电抗 X_0 等于 0.75～0.85 倍的正序电抗 X_1，可取其范围内的数据作近似计算；当变压器的结构为三相五柱式时，零序磁通可以畅通，零序励磁电抗 X_{m0}=∞，则零序电抗与正序电抗相等，即 $X_0 = X_1$。

2. 三绕组变压器参数计算

电力系统广泛采用三绕组变压器，三绕组变压器的参数也是由厂家提供的试验报告的短路试验结果来计算。只是由于三绕组变压器有三侧支路，不可能像双绕组那样将两侧合起来得等效阻抗，而只能求得各侧绕组的等效阻抗。

（1）三绕组变压器正序等效阻抗计算。通常变压器铭牌上给出各绕组

间的短路电压 $U_{k12}\%$、$U_{k23}\%$、$U_{k31}\%$，由此可以求出各绕组的短路电压，即

$$\left.\begin{array}{l} U_{k1}\% =(U_{k12}\% +U_{k13}\% -U_{k23}\%)/2 \\ U_{k2}\% =(U_{k12}\% +U_{k23}\% -U_{k13}\%)/2 \\ U_{k3}\% =(U_{k13}\% +U_{k23}\% -U_{k12}\%)/2 \end{array}\right\} \quad (4\text{-}32)$$

三绕组变压器各绕组的等效电抗为

$$X_{T1}=\frac{U_{k1}\%U_N^2}{100S_N}, \quad X_{T2}=\frac{U_{k2}\%U_N^2}{100S_N}, \quad X_{T3}=\frac{U_{k3}\%U_N^2}{100S_N}$$

式中 $U_{k1}\%$、$U_{k2}\%$、$U_{k3}\%$——三绕组变压器高、中、低压侧的短路电压
百分值。

由此可得三绕组变压器各绕组的电抗标幺值为

$$\left.\begin{array}{l} X_{1*}=\dfrac{X_{T1}}{Z_B}=\dfrac{U_{k1}\%U_N^2}{100S_NZ_B}=\dfrac{U_{k1}\%S_B}{100S_N}\left(\dfrac{U_N}{U_B}\right)^2 \\[3mm] X_{2*}=\dfrac{X_{T2}}{Z_B}=\dfrac{U_{k2}\%U_N^2}{100S_NZ_B}=\dfrac{U_{k2}\%S_B}{100S_N}\left(\dfrac{U_N}{U_B}\right)^2 \\[3mm] X_{3*}=\dfrac{X_{T3}}{Z_B}=\dfrac{U_{k3}\%U_N^2}{100S_NZ_B}=\dfrac{U_{k3}\%S_B}{100S_N}\left(\dfrac{U_N}{U_B}\right)^2 \end{array}\right\} \quad (4\text{-}33)$$

当 $U_N=U_B$，或作近似计算时，三绕组变压器各绕组的电抗标幺值为

$$\left.\begin{array}{l} X_{1*}=\dfrac{U_{k1}\%S_B}{100S_N} \\[3mm] X_{2*}=\dfrac{U_{k2}\%S_B}{100S_N} \\[3mm] X_{3*}=\dfrac{U_{k3}\%S_B}{100S_N} \end{array}\right\} \quad (4\text{-}34)$$

应该指出，变压器铭牌给出的短路电压都是归算到各绕组中通过变压器额定电流时的数值，因此，在计算三绕组容量不同的变压器电抗时，其短路电压不必再进行归算。

【例 4-4】 以甲变电站 1 号变压器为例，变压器型号 SSZ9-50000/110

（YNyn0d11），阻抗电压$U_{k12}\% =10.23$，$U_{k13}\% =18.01$，$U_{k23}\% =6.82$。额定电压$U_N =110kV$，电压基准值$U_B =110kV$。求：变压器各绕组的电抗标幺值。

解：由式（4-32），得甲变电站 1 号变压器各绕组的短路电压百分值为

$$U_{k1}\% =(U_{k12}\% +U_{k13}\% -U_{k23}\%)/2$$
$$=(10.23+18.01-6.82)/2$$
$$=10.71$$
$$U_{k2}\% =(U_{k12}\% +U_{k23}\% -U_{k13}\%)/2$$
$$=(10.23+6.82-18.01)/2$$
$$=-0.48$$
$$U_{k3}\% =(U_{k13}\% +U_{k23}\% -U_{k12}\%)/2$$
$$=(18.01+6.82-10.23)/2$$
$$=7.3$$

由式（4-34），得甲变电站 1 号变压器各绕组的电抗标幺值为

$$X_{1*} =\frac{U_{k1}\%S_B}{100S_N} =\frac{10.71\times1\,000\,000}{100\times50\,000} =2.142$$

$$X_{2*} =\frac{U_{k2}\%S_B}{100S_N} =\frac{-0.48\times1\,000\,000}{100\times50\,000} =-0.096$$

$$X_{3*} =\frac{U_{k3}\%S_B}{100S_N} =\frac{7.3\times1\,000\,000}{100\times50\,000} =1.460$$

（2）三绕组变压器零序阻抗标幺值计算。目前电网中用于接地系统中的三绕组变压器接线型式主要有 YNyn0d11 三绕组变压器和 YNyn0yn0+d 加平衡线圈的三绕组变压器，现对以上两种变压器零序阻抗的实测计算方法进行分析。

YNyn0d11 三绕组变压器的零序等值电路可以用 T 型电路来表示，如图 4-6 所示。

当低压绕组为三角形时，三角形绕组漏抗与励磁绕组电抗并联，不管哪种铁心结构的变压器，一般励磁电抗总比漏抗大得多，因此在短路计算中，当变压器有三角形接法绕组时，都可以近似地取零序励磁电抗 $X_{0m} =\infty$。此时，YNyn0d11 三绕组变压器的零序等值电路简化如图 4-7 所示。

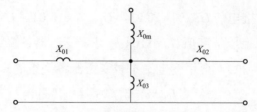

图 4-6　YNyn0d11 三绕组变压器零序等值电路示意图

X_{01}—高压侧零序电抗；　X_{02}—中压侧零序电抗；　X_{03}—低压侧零序电抗；

X_{0m}—变压器的零序励磁电抗

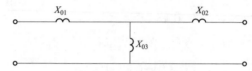

图 4-7　YNyn0d11 三绕组变压器零序等值电路简化示意图

1）YNyn0d11 三绕组变压器零序阻抗标幺值计算。YNyn0d11 三绕组变压器高、中压各有一个中性点引出线。实测时分别从高、中压两侧加电压进行试验。

高压侧加零序电压，中压侧开路，得

$$X_{01*} + X_{03*} = Z_{01*}$$

高压侧加零序电压，中压侧三相对中性线短路，得

$$X_{01*} + \frac{X_{02*}X_{03*}}{X_{02*}+X_{03*}} = Z_{02*}$$

中压侧加零序电压，高压侧开路，得

$$X_{02*} + X_{03*} = Z_{03*}$$

中压侧加零序电压，高压侧三相对中性线短路，得

$$X_{02*} + \frac{X_{01*}X_{03*}}{X_{01*}+X_{03*}} = Z_{04*}$$

对以上前三个方程求解得：

低压侧零序电抗　　　　$X_{03*} = \sqrt{Z_{03*}(Z_{01*} - Z_{02*})}$

高压侧零序电抗　　　　$X_{01*} = Z_{01*} - X_{03*}$

中压侧零序电抗 $\qquad X_{02*} = Z_{03*} - X_{03*}$

最后以第四个方程 $Z_{04*} = X_{02*} + \dfrac{X_{01*}X_{03*}}{X_{01*}+X_{03*}}$ 的计算值与实测值校核其正确性。

变压器各侧零序阻抗与正序阻抗值比较结果是，零序阻抗值接近并略小于正序阻抗值。

另有，对于中压侧绕组用于不接地系统的 YNyn0d11 三绕组变压器，虽然高、中压各有一个中性点引出线，但由于中压侧中性点不接地运行，对外不构成零序回路，故中压侧零序回路相当于开路。这种类型的变压器零序阻抗等同于 Ynd11 双绕组变压器零序阻抗。

2）YNyn0yn0+d 加平衡线圈的三绕组变压器零序阻抗标幺值计算。YNyn0yn0+d 加平衡线圈的三绕组变压器加三角形平衡线圈的目的是为了消除三次谐波，使零序电流有流通回路。高、中、低压各有一个中性点引出线，由于第三绕组一般用于不接地系统，该侧中性点不接地运行，对外不构成零序回路，故低压侧零序回路相当于开路，取低压侧零序阻抗 $X_{03} = \infty$。平衡绕组为三角形接线，等值电路中，三角形绕组漏抗与励磁电抗并联，可以近似地取零序励磁电抗 $X_{0m} = \infty$，此时等值电路简化如图 4–8 所示。实测时只需在带有中性点的高、中压侧进行，低压侧开路。

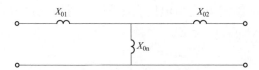

图 4–8　YNyn0yn0+d 三绕组变压器零序等值电路简化示意图

X_{01}—高压侧零序电抗；X_{02}—中压侧零序电抗；X_{0n}—平衡绕组零序电抗

YNyn0yn0+d 加平衡线圈的三绕组变压器零序阻抗标幺值计算方法与 Ynyn0d11 三绕组变压器零序阻抗标幺值计算方法相同。

平衡绕组零序电抗 $\qquad X_{0n*} = \sqrt{Z_{03*}(Z_{01*}-Z_{02*})}$

高压侧零序电抗 $\qquad X_{01*} = Z_{01*} - X_{0n*}$

中压侧零序电抗 $\qquad X_{02*} = Z_{03*} - X_{0n*}$

最后以第四个方程 $Z_{04*} = X_{02*} + \dfrac{X_{01*}X_{0n*}}{X_{01*}+X_{0n*}}$ 的计算值与实测值校核其正确性。

X_{0n*} 为变压器平衡绕组的零序阻抗,而非变压器的低压侧零序阻抗,此值不能与变压器低压侧正序阻抗作比较。

3. 自耦变压器

就端子等效而言,自耦变压器可完全等值于普通变压器,自耦变压器的短路试验又和普通变压器相同。因此自耦变压器参数和等值电路的确定也和普通变压器相同。需要说明的只是三绕组自耦变压器的容量归算问题,因三绕组自耦变压器第三绕组的容量总小于变压器的额定容量 S_N。而且,制造厂提供的短路试验数据中,不仅短路损耗 ΔP_k,甚至短路电压 $U_k\%$ 有时也是未经归算的数值。所以,用此数据进行参数计算时有一个容量归算的问题,即需将它们归算成对应于额定容量的值。方法是将短路损耗 ΔP_{k23}、ΔP_{k31} 乘以 $(S_N/S_3)^2$,将短路电压 $U_{k23}\%$、$U_{k31}\%$ 乘以 (S_N/S_3),即

$$\Delta P'_{k12} = \Delta P_{k12}, \quad \Delta P'_{k23} = \Delta P_{k23}(S_N/S_3)^2, \quad \Delta P'_{k31} = \Delta P_{k31}(S_N/S_3)^2$$

$$U'_{k12}\% = U_{k12}\%, \quad U'_{k23}\% = U_{k23}\%(S_N/S_3), \quad U'_{k31}\% = U_{k31}\%(S_N/S_3)$$

三、电抗器参数计算

电抗器的主要作用是限制短路电流。电抗器的试验报告中提供的技术数据有额定电压、额定电流和电抗百分值。电抗百分值与以欧姆为单位的电抗器电抗数值之间有以下关系

$$X_k\% = \frac{\sqrt{3}I_N X_k}{U_N} \times 100$$

故

$$X_k = \frac{U_N}{\sqrt{3}I_N} \times \frac{X_k\%}{100}$$

式中　　X_k ——电抗器电抗;

$\quad X_k\%$ ——电抗器电抗的百分值;

$\quad U_N$ ——电抗器的额定电压;

$\quad I_N$ ——电抗器的额定电流。

则电抗器阻抗标幺值为

$$X_{k*}=\frac{X_k}{Z_B}=\frac{U_N}{\sqrt{3}I_N Z_B}\times\frac{X_k\%}{100}=\frac{U_N I_B}{U_B I_N}\times\frac{X_k\%}{100} \tag{4-35}$$

当 $U_N=U_B$，或作近似计算时，电抗器阻抗标幺值为

$$X_{k*}=\frac{I_B}{I_N}\times\frac{X_k\%}{100} \tag{4-36}$$

【例 4–5】 某电抗器型号为 XKSCKL–10–4500–12。电抗器额定电流 I_N=4500A，电抗器电抗的百分值 $X_k\%$=12，$U_N=U_B$=10kV。求：电抗器阻抗标幺值。

解：由式（4–36）得电抗器阻抗标幺值为

$$X_{k*}=\frac{I_B}{I_N}\times\frac{X_k\%}{100}=\frac{57\,735\times12}{4500\times100}=1.540$$

式中　　I_B——基准电流，57 735A。

一般都不计电抗器的电阻，故电抗器的等值电路是一个纯电抗。

四、发电机参数计算

发电机是电力系统的重要元件，由于发电机定子绕组电阻相对很小，通常可略去。制造厂提供的发电机电抗数据往往以百分值表示，电抗百分值与以欧姆为单位的发电机电抗数值之间有以下的关系

$$X_G\%=\frac{\sqrt{3}I_N X_G}{U_N}\times100$$

故

$$X_G=\frac{U_N}{\sqrt{3}I_N}\times\frac{X_G\%}{100}$$

或

$$X_G=\frac{X_G\% U_N^2}{100 S_N}=\frac{X_G\% U_N^2}{100 P_N}\cos\varphi_N$$

式中　　X_G——发动机电抗；

$X_G\%$——发动机电抗百分值，取试验报告中的次暂态电抗 $X''\%$；

U_N——发动机的额定电压；

S_N——发动机的额定视在功率；

P_N——发动机的额定有功功率；

$\cos\varphi_N$——发动机的额定功率因数。

则发电机阻抗标幺值为

$$X_{G*}=\frac{X_G}{Z_B}=\frac{X_G\%U_N^2}{100S_N Z_B}=\frac{X_G\%S_B}{100S_N}\left(\frac{U_N}{U_B}\right)^2 \qquad (4\text{--}37)$$

当 $U_N=U_B$，或作近似计算时，发电机阻抗标幺值为

$$X_{G*}=\frac{X_G\%S_B}{100S_N} \qquad (4\text{--}38)$$

【例 4–6】 某发电厂：1 号发电机额定功率 S_N =6000kVA，电抗百分值 $X_G\%= X''\%$ =13.2，额定电压 U_N =10.5kV，电压基准值 U_B =10kV。求：发电厂 1 号发电机阻抗标幺值。

解：由式（4–37）得发电厂 1 号发电机阻抗标幺值为

$$X_{G*}=\frac{X_G\%S_B}{100S_N}\left(\frac{U_N}{U_B}\right)^2=\frac{13.2\times1\,000\,000}{100\times6000}\times\left(\frac{10.5}{10}\right)^2=24.255$$

第五章

整定计算应用实例

本章以实例的形式具体讲解整定计算的原则、计算方法。按照整定计算的计算顺序、配合关系，从下级到上级，依次计算图 5-1 中的 35kV 线路 L3、110kV 乙站 3 号变压器、110kV 线路 L1、220kV 甲站 1 号变压器的保护定值。实例网络阻抗见图 5-2。在计算的过程中，提及了一些分析问题的

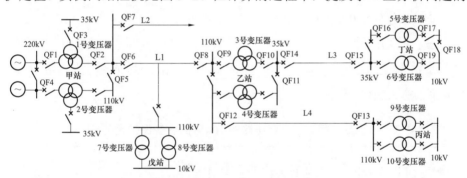

图 5-1　实例网络接线图

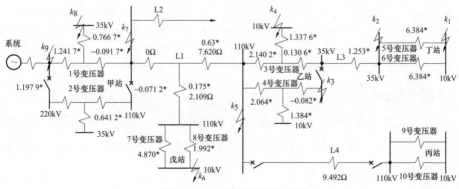

图 5-2　实例网络阻抗图

思路，需要注意的问题，可以使读者加深对整定原则的理解，达到灵活使用整定原则的目的。

第一节　35kV 线路整定计算

以图 5-1 中的 35kV 线路 L3 为例。

一、线路参数

型号、长度：LGJ-120、3.3km；

几何均距：2.5m；

每千米阻抗值：$0.27+j0.379=0.465\angle 54.5°$；

线路阻抗标幺值 $X_*=0.465×3.3/1.225=1.253$。

二、TA 变比

TA 变比为 600/5。

三、已知条件

丁站 5 号、6 号变压器配置有差动保护，丁站 5 号、6 号变压器的 10kV 侧后备保护定值见表 5-1。

表 5-1　　　丁站 5 号、6 号变压器的 10kV 侧后备保护定值

保护	TA 变比	定值（A）	一时限（s）	一时限动作目的	二时限（s）	二时限动作目的
时限速断	800/5	15	0.3	跳 QF18	0.6	跳 QF17（QF19）
定时过电流	800/5	6	0.8	跳 QF18	1.1	跳 QF17（QF19）

四、整定分析

线路 L3 是终端线路，按照线路变压器组整定，与所带变压器相关保护配合，其中，一段与变压器主保护的灵敏度配合，时间相同，依靠重合闸或备用电源自投恢复供电。

五、过电流一段

（一）整定原则

1. 动作值

按躲过变压器其他侧母线三相最大短路电流整定。

（1）变压器主保护是差动保护时，按与差动保护配合整定，即

$$I_{op} = K_{rel} I_{kmax}$$

式中　　K_{rel}——可靠系数，取 $K_{rel} \geq 1.3$；

　　　　I_{kmax}——变压器其他侧故障时流过本线路的最大三相短路电流。

（2）变压器主保护是瞬时电流速断时，按与瞬时电流速断配合整定，即

$$I_{op} = K_{rel} K_{fz} I'_{op}$$

式中　　K_{rel}——可靠系数，又称配合系数，取 $K_{rel} \geq 1.1$；

　　　　K_{fz}——分支系数；

　　　　I'_{op}——被配合的保护定值，此处为变压器瞬时电流速断保护定值。

2. 灵敏度校验

校验被保护线路出口短路的灵敏系数，在常见大运行方式下，三相短路的灵敏系数不小于 1 时即可投运，即

$$K_{sen} = \frac{I_k}{I_{op}}$$

式中　　I_k——常见大运行方式下，线路出口三相短路电流。

3. 动作时间

动作时间为 0s。

（二）实例计算

1. 动作值

躲丁站 10kV 母线故障，丁站 10kV 母线三相短路，最大短路电流 2509A（丁站两台变压器并列运行），则

$$I_{op} = 1.3 \times 2509/120 = 27.18（A）$$

经计算，过电流一段定值取 30A（一次值 3600A）。

2. 灵敏度校验

按常见大运行方式下被保护线路出口短路校验。正常运行方式下，线路出口三相短路电流7754A，则

$$K_{sen} = \frac{0.866 \times 7754}{3600} = 1.87 > 1$$

灵敏度满足要求。

3. 动作时间

动作时间为 0s。

六、过电流二段

（一）整定原则

1. 动作值

按躲过变压器其他侧母线三相最大短路电流整定，如果不能保证线路末端故障灵敏度，则与所带变压器中、低压侧限时速断保护配合。

（1）按躲过变压器其他侧母线三相最大短路电流整定，同过电流一段。

（2）与所带变压器中、低压侧限时速断保护配合，即

$$I_{op} = K_{rel} \, K_{fz} \, I'_{op}$$

式中　　K_{rel}——可靠系数，又称配合系数，取 $K_{rel} \geqslant 1.1$；

　　　　K_{fz}——分支系数；

　　　　I'_{op}——被配合的保护定值，此处为变压器中、低压侧限时速断保护定值，应注意将此值换算为计算电压等级的数值。

2. 灵敏度校验

被保护线路末端短路时有规定的灵敏系数，即

$$K_{sen} = \frac{I_{kmin}}{I_{op}}$$

式中　　I_{kmin}——线路末端短路的最小短路电流。

3. 动作时间

与配合段的动作时间配合。

（二）实例计算

1. 动作值

（1）按线路末端故障有 1.5 的灵敏系数计算，线路末端三相短路，最小短路电流 3730A，则

$$I_{op}=0.866\times3730/(1.5\times120)=17.95（A）$$

（2）躲丁站 10kV 母线故障，丁站 10kV 母线三相短路，最大短路电流 2509A，则

$$I_{op}=1.3\times2509/120=27.18A>17.95（A）$$

灵敏度不满足要求，重新计算。

（3）与丁站变压器 10kV 侧限时速断保护配合，因丁站 5 号变压器、6 号变压器正常并列运行，$K_{fz}=2$，则

$$I_{op}=1.1\times2\times15\times160\times\frac{10}{35}/120=12.57（A）$$

综合以上计算，过电流二段定值取 15A（一次值 1800A）。

为防止运行后，由于下级定值的变动而频繁改定值，在满足灵敏度要求的前提下，尽量提高定值。

本例的灵敏度满足要求，如果变压器的限时速断定值较大，配合后不满足灵敏度要求，可以规定丁站两台变压器的运行方式，要求两台变压器分列运行或单主变压器运行，这样，K_{fz} 按 1 计算，计算值可以降低 1 倍，比较容易满足灵敏度要求。

2. 灵敏度校验

线路末端三相短路，最小短路电流 3730A，则

$$K_{sen}=\frac{0.866\times3730}{1800}=1.79>1.5$$

灵敏度满足要求。

3. 动作时间

与丁站变压器 10kV 侧限时速断保护时间配合，则

$$t=0.6+0.3=0.9（s）$$

经计算，过电流二段动作时间取 0.9s。

七、过电流三段

（一）整定原则

1. 动作值

（1）躲过本线路的最大负荷电流为

$$I_{op} = \frac{K_{rel}}{K_f} I_{fhmax}$$

式中　　K_{rel} ——可靠系数，又称配合系数，取 $K_{rel} \geqslant 1.2$；

　　　　K_f ——返回系数，取 $0.85 \sim 0.95$；

　　　　I_{fhmax} ——本线路的最大负荷电流，在不影响灵敏度的前提下，最大负荷电流取电流互感器一次额定电流与导线允许电流二者的低值。

（2）与所带变压器的过电流保护配合，即

$$I_{op} = K_{rel} \, K_{fz} \, I'_{op}$$

式中　　K_{rel} ——可靠系数，又称配合系数，取 $K_{rel} \geqslant 1.1$；

　　　　K_{fz} ——分支系数；

　　　　I'_{op} ——相邻变压器中、低压侧过电流保护定值，应注意将此值换算为计算电压等级的数值。

2. 灵敏度校验

要求本线路末端故障时灵敏系数不小于 1.5，在相邻变压器其他侧故障时力争灵敏系数不小于 1.2，即

$$K_{sen} = \frac{I_{kmin}}{I_{op}}$$

式中　　I_{kmin} ——线路末端短路的最小短路电流或相邻变压器其他侧故障的最小短路电流。

3. 动作时间

与配合段的动作时间配合。

（二）实例计算

1. 动作值

（1）躲过本线路的最大负荷电流。电流互感器一次额定电流 600A，LGJ-120 型导线允许电流 380A。取两者中的低值，因此最大负荷电流取 380A，则

$$I_{op}=\frac{1.5\times380}{120}=4.75（A）$$

（2）与丁站变压器 10kV 侧过电流保护配合。因丁站 5 号、6 号变压器正常并列运行，$K_{fz}=2$，则

$$I_{op}=1.1\times2\times6\times160\times\frac{10}{35}/120=5.03（A）$$

综合以上计算，过电流三段定值取 6A（一次值 720A）。

2. 灵敏度校验

线路末端三相短路，最小短路电流 3730A，有

$$K_{sen}=\frac{0.866\times3730}{720}=4.49＞1.5$$

丁站 10kV 母线三相，最小短路电流 1526A，有

$$K_{sen}=\frac{0.866\times1526}{720}=1.84＞1.2$$

灵敏度满足要求。

3. 动作时间

与丁站变压器 10kV 侧过电流保护时间配合

$$t=1.1+0.3=1.4（s）$$

经计算，过电流三段动作时间取 1.4s。

八、过电流加速段

1. 整定原则

本段保护仅在手合或重合后短时投入，不需要考虑选择性，按线路末端故障有灵敏度整定，通常灵敏度按 2 考虑。

线路末端三相短路，最小短路电流 3730A，则

$$I_{op} = \frac{0.866 \times 3730}{2.0 \times 120} = 13.46 \text{（A）}$$

经计算，过电流加速段定值取 10.0A（一次值 1200A）。

2. 动作时间

考虑躲过所带变压器空投时的励磁涌流，经短延时动作，取 0.2s。

第二节 110kV 变压器整定计算

以图 5–1 中的 110kV 乙站 3 号变压器为例。

一、变压器参数

型号：SFSZ10–50000/110、三相；

容量比：100/100/50；

额定电压：110±8×1.25%/38.5±2×2.5%/10.5kV；

额定电流：262.43/749.81/1374.64A。

二、变压器纵联差动保护

（一）确定基本侧、计算平衡系数

（1）由于各装置厂家采用的算法不同，基本侧的选取、平衡系数的计算应按照具体装置的说明书进行计算。

（2）差动保护计算中，各侧额定电流必须按变压器全容量计算。

（3）各侧的额定电压必须取变压器铭牌上的额定电压。

变压器差动计算基本数据见表 5–2。

表 5–2　　　　　　　　变压器差动计算基本数据

名　称	各　侧　参　数		
额定电压（kV）	110	38.5	10.5
变压器一次额定电流（A）	262.43	749.81	2749.29
变压器各侧接线	YN	YN	d11
电流互感器接线方式	星形	星形	星形

名 称	各 侧 参 数		
电流互感器变比	300/5	600/5	3000/5
基本侧	按装置说明书		
平衡系数	按装置说明书		

（二）比率制动差动元件整定

比率制动差动保护因原理不同，整定方法有差异，因此差动保护的整定应主要根据差动保护装置的整定说明进行。此处仅对常规的折线型特性的比率制动差动保护的整定进行说明。比率制动差动保护动作特性图见图 5-3。

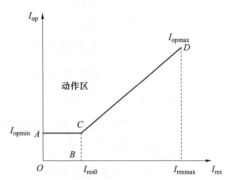

图 5-3　比率制动差动保护动作特性图

I_{opmin}—启动电流；I_{res0}—起始制动电流；

I_{opmax}—差动保护的动作电流；

I_{resmax}—最大制动电流

1. 启动电流 I_{opmin}

（1）整定原则，应能可靠躲过变压器额定负载时的最大不平衡电流。最大不平衡电流主要考虑正常运行时电流互感器变比误差、调压、各侧电流互感器型号不一致等产生的不平衡电流。启动电流为

$$I_{opmin} = K_{rel}\left(K_{er} + \Delta U + \Delta m \right) I_{2N}$$

式中　K_{rel}——可靠系数，取 1.3～1.5；

　　　K_{er}——电流互感器的比误差，10P 型取 0.03×2，5P 型和 TP 型取 0.01×2；

　　　ΔU——变压器调压引起的误差，取调压范围中偏离额定值的最大值（百分值）；

　　　Δm——由于电流互感器变比未完全匹配产生的误差，初设时取 0.05；

　　　I_{2N}——变压器的额定电流二次值。

在工程实用整定计算中可选取 $I_{opmin} = (0.2 \sim 0.5) I_{2N}$。一般工程宜采用不小于 $0.3 I_{2N}$ 的整定值。

（2）实例计算，即

$$I_{opmin} = 1.5 \times (0.03 \times 2 + 0.1 + 0.05) I_{2N}$$
$$= 0.315 I_{2N}$$

根据工程实际整定计算，可取 $0.35 I_{2N}$。

2. 起始制动电流 I_{res0}

（1）整定原则。对折线型的比率制动差动元件，拐点电流即开始起制动作用时的电流，一般按照高压侧额定电流的 $0.8 \sim 1$ 倍考虑。另外，为躲过区外故障切除后的暂态过程对变压器差动保护的影响，可使保护的制动作用提早产生，也可取成 $0.6 \sim 0.8$ 倍的额定电流。

（2）实例计算：取 $1.0 I_{2N}$。

3. 比率制动特性曲线斜率 K_{KID}

（1）整定原则。应使纵差保护的动作电流可靠躲过外部短路引起的最大不平衡电流。

1）计算最大不平衡电流。

双绕组变压器

$$I_{unbmax} = (K_{ap} \, K_{cc} \, K_{er} + \Delta U + \Delta m) \, I_{kmax}$$

式中　　K_{ap}——非周期分量系数，两侧同为 TP 级电流互感器取 1.0，两侧同为 P 级电流互感器取 $1.5 \sim 2$；

K_{cc}——电流互感器的同型系数，取 1.0；

K_{er}——电流互感器的比误差，取 0.1；

ΔU——变压器调压引起的误差，取调压范围中偏离额定值的最大值（百分值）；

Δm——由于电流互感器变比未完全匹配产生的误差，初设时取 0.05；

I_{kmax}——外部短路时，最大穿越短路电流周期分量。

三绕组变压器

$$I_{\text{unbmax}} = K_{\text{ap}} \, K_{\text{cc}} \, K_{\text{er}} \, I_{\text{kmax}} + \Delta U_{\text{h}} \, I_{\text{khmax}} + \Delta U_{\text{m}} \, I_{\text{kmmax}}$$
$$+ \Delta m_{\text{I}} \, I_{\text{kI max}} + \Delta m_{\text{II}} \, I_{\text{k II max}}$$

式中 I_{kmax} ——外部短路时，流过靠近故障侧电流互感器的最大短路电流周期分量；

ΔU_{h}、ΔU_{m} ——变压器高、中压侧调压引起的误差，取调压范围中偏离额定值的最大值（百分值）；

I_{khmax}、I_{kmmax} ——在所计算的外部短路时，流过高、中压侧电流互感器电流的周期分量；

$I_{\text{kI max}}$、$I_{\text{k II max}}$ ——在所计算的外部短路时，相应的流过非靠近故障点两侧电流互感器电流的周期分量；

Δm_{I}、Δm_{II} ——由于电流互感器变比未完全匹配产生的误差，初设时取 0.05。

2）计算差动保护的动作电流 I_{opmax}，即

$$I_{\text{opmax}} = K_{\text{rel}} \, I_{\text{unbmax}}$$

式中 K_{rel} ——可靠系数，取 1.3～1.5。

3）确定最大制动电流 I_{resmax}。因差动保护制动原理及制动线圈的接线方式不同 I_{resmax} 会有很大差别，在实际工程计算中，应根据具体装置的制动电流的算法确定。

4）计算制动特性曲线斜率 K_{KID}，即

$$K_{\text{KID}} = \frac{I_{\text{opmax}} - I_{\text{opmin}}}{I_{\text{resmax}} - I_{\text{res0}}}$$

（2）实例计算。

1）计算最大不平衡电流。乙站 10kV 母线三相短路，流过高压侧的最大短路电流 1139A，折合为变压器额定电流的倍数，即

$$\frac{1139}{262.43} = 4.34 \, I_{\text{2N}}$$

乙站是降压变压器，10kV 侧母线故障时，只有 110kV、10kV 侧流过故障电流，35kV 侧电流为 0，所以 I_{kmax}、I_{khmax}、I_{kmmax}、$I_{\text{kI max}}$、$I_{\text{k II max}}$ 依次

为 $4.34 I_{2N}$、$4.34 I_{2N}$、0、$4.34 I_{2N}$、0，则

$$I_{unbmax}=2.0\times1.0\times0.1\times4.34 I_{2N} +0.1\times4.34 I_{2N} +0+0.05\times4.34 I_{2N} +0$$
$$=1.519 I_{2N}$$

2）计算差动保护的动作电流，即

$$I_{opmax} =1.5\times1.519 I_{2N}$$
$$=2.279 I_{2N}$$

3）确定最大制动电流。根据装置说明书，有

$$动作电流 \quad I_{op} =|\dot I_1 + \dot I_2 + \dot I_3|$$

$$制动电流 \quad I_{res} =0.5(|\dot I_1| + |\dot I_2| + |\dot I_3|)$$

式中 $\dot I_1$、$\dot I_2$、$\dot I_3$——变压器三侧电流。

根据制动电流的算法，10kV 母线故障时，制动电流 $I_{resmax} =4.34 I_{2N}$。

4）计算制动特性曲线斜率 K_{KID}

$$K_{KID}=\frac{I_{opmax} - I_{opmin}}{I_{resmax} - I_{res0}}=\frac{2.279 I_{2N} -0.5 I_{2N}}{4.34 I_{2N} -1.0 I_{2N}}=0.53$$

根据长期运行的实践经验，取 0.5。

4. 灵敏系数的计算

（1）整定原则。根据差动保护区内最小短路电流对应的制动电流，在动作特性曲线上查到对应的 I_{op}，求得灵敏系数，要求 $K_{sen} >2$

$$K_{sen} =\frac{I_{kmin}}{I_{op}}$$

（2）实例计算。乙站 10kV 母线三相短路时，流过高压侧的最小短路电流 889A，折合为变压器额定电流的倍数为

$$\frac{0.866\times889}{262.43}=2.93 I_{2N}$$

因为是变压器区内故障，只有高压侧流过故障电流，所以此时的制动电流为

$$I_{res} =0.5\times2.93 I_{2N} =1.47 I_{2N}$$

根据

$$K_{KID} = \frac{I_{op} - I_{opmin}}{I_{res} - I_{res0}} = \frac{I_{op} - 0.35I_{2N}}{1.47I_n - 1.0I_{2N}} = 0.50$$

求得

$$I_{op} = 0.585I_{2N}$$

$$K_{sen} = \frac{2.93I_{2N}}{0.585I_{2N}} = 5.00 > 2$$

灵敏度满足要求。

5. 二次谐波制动比

二次谐波制动比指差动电流中的二次谐波制动分量与基波分量的比值，通常整定为 15%～20%。需注意的是，二次谐波制动比越大，保护的谐波制动作用越弱，反之亦反。

6. 差动速断元件整定

当区内故障电流很大时，电流互感器可能饱和，从而使差流中含有大量的谐波分量，并使差流波形发生畸变，可能导致差动保护拒动或延缓动作。差动速断元件只反映差流的有效值，不受差流中的谐波和波形畸变的影响。

（1）整定原则。按躲过变压器励磁涌流来确定，即

$$I_{op} = KI_{2N}$$

式中　I_{2N}——变压器的额定电流；

　　　K——倍数，K 的推荐值如下：6300kVA 及以下为 7～12，6300kVA～31 500kVA 为 4.5～7，40 000kVA～120 000kVA 为 3～6，120 000kVA 及以上为 2～5。变压器容量越大和系统电抗越大，K 取值越小。

（2）实例计算。取 $5I_{2N}$。

三、变压器高压侧后备保护

（一）TA 变比

相间保护 TA 变比为 600/5；零序保护 TA 变比为 300/5。

（二）已知条件

甲站 110kV 线路 L2 零序电流末段时间为 1.6s。

（三）复合电压闭锁过电流

1. 分析

35kV 和 10kV 侧没有电源，110kV 侧复合电压闭锁过电流保护，所以不必经方向闭锁。

2. 复合电压闭锁相间低电压定值

（1）整定原则。

1）按躲过运行中可能出现的最低电压

$$U_{1op} = \frac{U_{min}}{K_{rel}K_f}$$

式中　U_{min} ——正常运行时可能出现的低电压，一般取（0.9～0.95）U_{2N}，U_{2N} 为额定电压二次值；

K_{rel} ——可靠系数，取 1.1～1.2；

K_f ——返回系数，电磁型取 1.15～1.2，微机型取 1.05。

2）按躲过电动机自启动时的电压。电压取自变压器低压侧电压互感器时，U_{1op} 取（0.5～0.7）U_{2N}；电压取自变压器高压侧电压互感器时，U_{1op} 取（0.7～0.8）U_{2N}。

3）灵敏度校验。要求 $K_{sen} \geqslant 1.3$（近后备）或 1.2（远后备）。当灵敏系数不够时，可经中、低压侧电压元件开放

$$K_{sen} = \frac{U_{1op}}{U_{kmax}}$$

式中　U_{kmax} ——计算方式下，灵敏系数校验点发生金属性相间短路时，保护安装处的最高残压。

（2）实例计算。

1）低电压定值取 70V。

2）灵敏度校验。乙站 35kV 母线三相短路时，110kV 母线最高残压 64.01V，则灵敏度为

$$K_{sen} = \frac{70}{64.01} = 1.09 < 1.3$$

乙站 10kV 母线三相短路时，110kV 母线最高残压 75.48V，则灵敏度为

$$K_{sen} = \frac{70}{75.48} = 0.93 < 1.3$$

灵敏度不满足要求，要求经中、低压侧电压元件开放。

通常，高压侧低电压元件对中、低压侧故障难以满足灵敏度，可以通过经中、低压侧低电压元件开放，即任一侧电压元件动作，都可以开放本保护。

3. 复合电压闭锁负序相电压定值

（1）整定原则。

1）按躲过正常运行时的不平衡电压整定，U_{2dz} 取（0.04～0.08）U_{2N}，U_{2N} 为额定电压二次值。

2）灵敏度校验。要求 $K_{sen} \geqslant 2.0$（近后备）或 1.5（远后备）。当负序电压灵敏系数不够时，可经中、低压侧电压元件开放

$$K_{sen} = \frac{U_{k2min}}{U_{2dz}}$$

式中　　U_{k2min}——后备保护区末端两相金属性短路时，保护安装处的最小负序电压值。

（2）实例计算。

1）负序相电压定值取 4V。

2）灵敏度校验。乙站 35kV 母线两相短路时，110kV 母线最小负序相电压 10.39V，则灵敏度为

$$K_{sen} = \frac{10.39}{4} = 2.60 > 2$$

乙站 10kV 母线两相短路时，110kV 母线最小负序相电压 7.07V，则灵敏度为

$$K_{sen} = \frac{7.07}{4} = 1.77 < 2$$

低压侧故障灵敏度不满足要求，因此要求经低压侧负序电压元件开放。

整定电压元件时，应注意装置要求的是相电压还是线电压。

4. 过电流元件定值

（1）整定原则。

1）按躲变压器额定电流整定，即

$$I_{\text{op}} = \frac{K_{\text{rel}}}{K_{\text{f}}} I_{\text{N}}$$

式中　　K_{rel}——可靠系数，取 1.2～1.3；

　　　　K_{f}——返回系数，取 0.85～0.95，微机型取 0.95；

　　　　I_{N}——变压器的额定电流。

实际计算中，通常取 1.5 倍变压器额定电流。

说明：复合电压闭锁的过电流保护，只考虑本变压器的额定电流，无复合电压闭锁的过电流保护，应考虑电动机的自启动系数。DL/T 559—2018 中规定本段保护可以不作为一级保护参与选择配合。

2）灵敏度校验。要求 $K_{\text{sen}} \geqslant 1.3$（近后备）或 1.2（远后备）。

$$K_{\text{sen}} = \frac{I_{\text{kmin}}}{I_{\text{op}}}$$

式中　　I_{kmin}——后备保护区末端金属性短路时流过保护的最小短路电流。

（2）实例计算。

1）按躲变压器额定电流整定，即

$$I_{\text{op}} = 1.5 \times 262.43/120 = 3.28 \text{（A）}$$

经计算，过电流元件定值取 3.3A（一次值 396A）。

2）灵敏度校验。乙站 35kV 和 10kV 母线三相短路流经 3 号变压器高压侧最小电流 889A，则

$$K_{\text{sen}} = \frac{I_{\text{kmin}}}{I_{\text{op}}} = \frac{0.866 \times 889}{396} = 1.94 > 1.5$$

5. 动作时间

与中、低压侧过电流保护时间配合，动作于总出口。

中压侧过电流时间为 2.0s（中压侧后备保护定值计算结果，计算过程将在后面讲到，这里直接调用）。

$$t = 2.0 + 0.3 = 2.3\ (\text{s})$$

复合电压闭锁过电流时间取 2.3s，跳变压器各侧断路器。

（四）过负荷信号

1. 整定原则

$$I_{op} = \frac{K_{rel}}{K_f} I_N$$

式中　　K_{rel}——可靠系数，取 1.05；

　　　　K_f——返回系数，取 0.85～0.95，微机型取 0.95。

2. 实例计算

按躲变压器的额定电流计算

$$I_{op} = (1.05/0.95) \times 262.43/120 = 2.4\ (\text{A})$$

经计算，过负荷信号电流定值取 2.4A（一次值 288A），4s 发信号。

（五）零序电流保护

在大接地电流系统中，如变压器中性点直接接地运行，对单相接地引起的变压器过电流，应装设零序过电流保护，保护可由两段组成，其动作电流与相关线路零序过电流保护配合。

1. 整定原则

此处所计算的变压器是终端变压器，线路 L1 的开关 QF8 没有配置保护，因此本保护的计算按 110kV 母线接地故障有不小于 1.5 的灵敏系数整定。为确保系统中其他位置发生接地故障本保护不误动，动作时间通常与电源侧的其他出线的零序电流保护末段时间配合，动作于跳变压器各侧断路器。

2. 实例计算

（1）动作值。按乙站 110kV 母线接地故障有不小于 1.5 的灵敏系数整定。乙站 110kV 母线接地故障，流经 3 号变压器高压侧最小零序电流 555A，则

$$I_{0op} = 3 \times 555/(1.5 \times 60) = 18.5\ (\text{A})$$

经计算，零序电流保护定值取 5A（一次值 300A）。

（2）动作时间。与电源侧其他出线，即线路 L2 零序电流保护末段时间配合

$$t = 1.6 + 0.4 = 2（s）$$

动作时间取 2s，跳变压器各侧断路器。

（六）中性点间隙保护

为限制变压器中性点不接地运行时可能出现的中性点过电压，在变压器中性点应装设放电间隙，经放电间隙接地时，投入反映间隙放电的零序电流保护和零序电压保护；变压器未装设放电间隙，不接地运行时，应投入零序电压保护。

1. 整定原则

放电间隙零序电流保护，按 DL/T 584—2017 规定，变压器 110kV 中性点放电间隙零序电流保护的一次电流定值一般可整定为 40～100A，保护动作后可带 0.35～0.5s 延时跳变压器各侧断路器。为防止中性点放电间隙在瞬时暂态过电压误击穿，导致保护装置误动作，根据实际情况，动作时间也可以适当延长，按与线路接地后备保护保全线有灵敏度段动作时间配合整定。

零序过电压保护，按 DL/T 584—2017 规定，中性点经放电间隙接地的 110kV 变压器的零序电压保护，其零序过电压定值一般整定为 150～180V，保护动作后带 0.35～0.5s 延时跳变压器各侧断路器。

2. 实例计算

（1）放电间隙零序电流。因放电间隙支路没有安装 TA，放电间隙零序电流与零序电流保护公用一组 TA，有

$$I_{0op} = 100/60 = 1.67（A）$$

放电间隙零序电流取 1.6A（一次值 96A）。

（2）间隙零序电压，取 150V。

（3）动作时间。经 0.5s 跳变压器各侧断路器。

四、变压器中压侧后备保护

（一）TA 变比

相间保护为 1500/5。

（二）已知条件

乙站 35kV 出线 L3 定值（第一节的计算结果）：TA 变比为 600/5，速断 30A、0s，时限速断 15A、0.9s，过电流 6A、1.4s。

（三）限时速断保护

1. 整定原则

（1）动作值。做中压侧母线的主保护，按与 35kV 出线的速断保护或限时速断保护配合。由于定值远大于变压器额定电流，因此不必经复合电压闭锁，即

$$I_{op} = K_{rel} \, K_{fz} \, I'_{op}$$

式中　　K_{rel}——可靠系数，又称配合系数，取 1.05～1.15；

　　　　K_{fz}——分支系数；

　　　　I'_{op}——与之配合的线路保护相关段动作电流。

（2）灵敏度校验。要求本侧母线故障时灵敏度系数不小于 1.5

$$K_{sen} = \frac{I_{kmin}}{I_{op}}$$

式中　　I_{kmin}——本侧母线金属性短路时流过保护的最小短路电流。

（3）动作时间。与 35kV 出线的速断或限时速断保护动作时间配合，一时限跳开本侧分段（母联）断路器，二时限跳开本侧断路器。

2. 实例计算

（1）动作值。

1）按 35kV 母线故障有 1.5 的灵敏系数计算。35kV 母线三相短路，流过 3 号变压器 35kV 侧的最小短路电流 3394A（乙站两台变压器并列运行）

$$I_{op} = 0.866 \times 3394 / (1.5 \times 300) = 6.53 \, (A)$$

2）与乙站 35kV 出线 L3 速断定值配合，最大分支系数 $K_{fz} = 1$，有

$$I_{op} = 1.1 \times 1 \times 30 \times 120 / 300 = 13.2 \, (A)$$

灵敏度不满足要求，重新计算。

3）与乙站 35kV 出线 L3 时限速断定值配合

$$I_{op} = 1.1 \times 1 \times 15 \times 120 / 300 = 6.6 \, (A)$$

综合以上计算，时限速断定值取 7A（一次值 2100A）。

（2）灵敏度校验。35kV 母线三相短路，流过 3 号变压器 35kV 侧的最小短路电流 3394A（乙站两台变压器并列运行）

$$K_{sen} = 0.866 \times 3394/2100 = 1.40 < 1.5$$

灵敏度不满足要求。

因为两台变压器并列运行，35kV 母线故障时，由于两台变压器分流，所以流过每台变压器的电流相对较小，导致保护的灵敏度不足。遇到这种情况，可以规定乙站两台变压器的运行方式，要求两台变压器分列运行或单台变压器运行，使保护满足灵敏度要求。

乙站 35kV 母线三相短路，流过 3 号变压器 35kV 侧的最小短路电流 4749A（乙站单台变压器运行或两台变压器分列运行）

$$K_{sen} = 0.866 \times 4749/2100 = 1.96 > 1.5$$

灵敏度满足要求。

（3）动作时间。与乙站 35kV 出线 L3 时限速断时间配合

$$t = 0.9 + 0.3 = 1.2 （s）$$

经计算，动作时间取 1.2s 跳 QF11，1.5s 跳 QF10。

（四）复合电压闭锁过电流

1. 复合电压闭锁相间低电压定值

（1）整定原则。同高压侧。

（2）实例计算。

1）取 70V。

2）灵敏度校验。乙站 35kV 母线故障时相间电压最低值是 0V，灵敏度足够。

2. 复合电压闭锁负序相电压定值

（1）整定原则。同高压侧。

（2）实例计算。

1）取 7V。

2）灵敏度校验。乙站 35kV 母线两相短路最小负序相电压 28.84V

$$K_{sen} = \frac{28.84}{7} = 4.12 > 2$$

3. 过电流元件定值

（1）整定原则。

1）动作值。

a. 按躲变压器额定电流整定

$$I_{op} = \frac{K_{rel}}{K_f} I_N$$

式中　K_{rel}——可靠系数，取 1.2～1.3；

　　　K_f——返回系数，取 0.85～0.95，微机型取 0.95。

实际计算中，通常取 1.5 倍变压器额定电流。

说明：有复合电压闭锁的过电流保护，只考虑本变压器的额定电流，无复合电压闭锁的过电流保护，应考虑电动机的自启动系数。

b. 与 35kV 出线过电流保护配合

$$I_{op} = K_{rel} K_{fz} I'_{op}$$

式中　K_{rel}——可靠系数，又称配合系数，取 1.05～1.15；

　　　K_{fz}——分支系数；

　　　I'_{op}——与之配合的线路保护相关段动作电流。

2）灵敏度校验。要求 $K_{sen} \geq 1.5$（近后备）或 1.3（远后备）。

$$K_{sen} = \frac{I_{kmin}}{I_{op}}$$

式中　I_{kmin}——本站 35kV 出线末端金属性短路时流过保护的最小短路电流。

3）动作时间。与 35kV 出线的过电流保护动作时间配合，一时限跳开本侧母联（分段）断路器，二时限跳开本侧断路器。

（2）实例计算。

1）动作值。

按躲变压器额定电流整定

$$I_{op} = 1.5 \times 749.81/300 = 3.75（A）$$

与 35kV 出线过电流保护配合

$$I_{op} = K_{rel} \, K_{fz} \, I'_{op} = 1.1 \times 1 \times 6 \times 120/300 = 2.64 \ (A)$$

综合以上计算，取 3.8A（一次值 1140A）。

2）灵敏度校验。线路 L3 末端三相短路，流过 3 号变压器 35kV 侧的最小短路电流 1949A（乙站两台变压器并列运行）

$$K_{sen} = 0.866 \times 1949/1140 = 1.48 > 1.3$$

灵敏度基本满足要求。

3）动作时间。与乙站 35kV 出线 L3 过电流时间配合

$$t = 1.4 + 0.3 = 1.7 \ (s)$$

经计算，动作时间取 1.7s 跳 QF11，2.0s 跳 QF10。

五、低压侧后备保护

与中压侧整定原则相同。

第三节 110kV 线路整定计算

以图 5-1 中的甲站 110kV 线路 L1 为例。

一、已知条件

（1）线路参数。线路参数如图 5-2 所示。

（2）保护配置：RCS-941A 线路保护。

（3）TA 变比为 600/5，TV 变比为 110 000/100。

（4）线路 L4 配置有距离保护和零序电流保护，定值见表 5-3。

表 5-3 　　　　　　　　　　线 路 L4 保 护 定 值

项目 保护	TA 变比为 600/5，TV 变比为 110 000/100					
	相间距离		接地距离		零序电流	
	定值（Ω）	时间（s）	定值（Ω）	时间（s）	定值（A）	时间（s）
一段	1.5	0	1.5	0	5	0
二段	2.0	0.4	1.9	0.4	2.2	0.4
三段	7.0	2.9	6.5	2.9	2	0.8
四段					2	1.2

（5）相邻变压器高压侧复合电压闭锁过电流时间。

1）乙站 3、4 号变压器高压侧复合电压闭锁过电流时间 2.3s（第二节计算结果）；

2）戊站 7、8 号变压器高压侧复合电压闭锁过电流时间 2.0s。

二、相间距离一段

（一）整定原则

线路 L1 是一条 T 接线路，带有乙站和戊站，因为乙站还有一条 110kV 出线 L4，为保证保护选择性，要躲过乙站 110kV 母线故障；戊站没有 110kV 出线，按线路变压器组整定，躲过戊站 10kV 母线故障即可。

1. 动作值

（1）躲线路末端故障

$$Z_{op} = K_{rel} \, Z_1 \, n_{TA} / n_{TV}$$

式中　K_{rel}——可靠系数，取 0.8～0.85；

　　　Z_1——线路正序阻抗；

　　　n_{TA}——计算保护的电流互感器变比；

　　　n_{TV}——计算保护的电压互感器变比。

（2）躲变压器其他侧母线

$$Z_{op} = K_{rel} \, Z'_T \, n_{TA} / n_{TV}$$

式中　K_{rel}——可靠系数，取 0.8～0.85；

　　　Z'_T——至相邻变压器其他侧等值正序阻抗。

2. 动作时间

动作时间取 0s。

（二）实例计算

1. 动作值

（1）躲线路末端故障（即躲乙站 110kV 母线故障）

$$Z_{op} = 0.8 \times 7.620 \times 120/1100 = 0.67 （\Omega）$$

（2）躲戊站 10kV 母线故障，最小测量阻抗一次值 19.1Ω（两台变压器并列运行）

$$Z_{op} = 0.8 \times 19.1 \times 120/1100 = 1.67 \ (\Omega)$$

综合上述计算，相间距离一段定值取 0.6Ω（一次值 5.5Ω）

2. 动作时间

动作时间取 0s。

三、相间距离二段

（一）整定原则

1. 动作值

（1）与相邻线路保护配合

$$Z_{op} = (K_{rel} \ Z_1 + K'_{rel} \ K_Z \ Z_{set} \ n'_{TV} / n'_{TA}) \ n_{TA} / n_{TV}$$

式中　K_{rel}——可靠系数，取 0.8～0.85；

　　　K'_{rel}——可靠系数，取 0.8；

　　　K_Z——助增系数；

　　　Z_{set}——相邻线路被配合段定值；

　　　n'_{TA}——被配合保护的电流互感器变比；

　　　n'_{TV}——被配合保护的电压互感器变比。

为简化计算，两个可靠系数可就低取相同值，则计算公式简化为

$$Z_{op} = K_{rel} (Z_1 + K_Z \ Z_{set} \ n'_{TV} / n'_{TA}) \ n_{TA} / n_{TV}$$

（2）躲变压器其他侧母线，带多台变压器时应分别计算，即

$$Z_{op} = K_{rel} \ Z'_T \ n_{TA} / n_{TV}$$

式中　K_{rel}——可靠系数，取 0.8～0.85；

　　　Z'_T——至相邻变压器其他侧等值正序阻抗。

2. 动作时间

与配合段的动作时间配合。

3. 灵敏度校验

要求线路末端故障灵敏系数不小于 1.5

$$K_{sen} = \frac{Z_{op}}{Z_1}$$

（二）实例计算

1. 动作值

（1）按线路末端故障有 1.5 灵敏系数计算

$$Z_{op}=1.5 \times 7.620 \times (120/1100)=1.25 （\Omega）$$

（2）与相邻线路 L4 的保护相间距离一段配合，助增系数 $K_Z=1$

$$Z_{op}=0.8 \times (7.620+1 \times 1.5 \times 1100/120) \times (120/1100)=1.87 （\Omega）$$

（3）躲乙站 35kV 母线故障。乙站两台变压器并列运行，最小测量阻抗一次值 19.3Ω，则

$$Z_{op}=0.8 \times 19.3 \times 120/1100=1.68 （\Omega）$$

（4）躲戊站 10kV 母线故障。戊站两台变压器并列运行，最小测量阻抗一次值 19.1Ω，则

$$Z_{op}=0.8 \times 19.1 \times 120/1100=1.67 （\Omega）$$

综合上述计算，相间距离二段定值取 1.4Ω（一次值 12.83Ω）。

2. 动作时间

与乙站 QF12 开关相间距离一段时间配合

$$t =0+0.4=0.4 （s）$$

经计算，动作时间取 0.4s。

3. 灵敏度校验

线路末端故障，有

$$K_{sen}=\frac{12.83}{7.620}=1.68＞1.5$$

灵敏度满足要求。

4. 说明

（1）只计算了躲过乙站 35kV 母线故障，没有计算躲过乙站 10kV 母线故障的原因是：乙站变压器 35kV 侧是零阻抗侧，如果能够躲过 35kV 母线故障，就一定能够躲过 10kV 母线故障。

（2）动作值取 1.4Ω 的原因：1.4Ω 已经满足灵敏度要求了，考虑为以后

乙站、戊站增容留出裕度，取值稍小于计算结果。

四、相间距离三段

（一）整定原则

1. 动作值

（1）与相邻线路保护配合：同相间距离二段。

（2）躲过本线路的最大负荷电流

$$Z_{op} = \frac{U}{\sqrt{3} \times K_{rel} K_f I_{fhmax}} \times \frac{n_{TA}}{n_{TV}}$$

式中　U——最低允许运行电压，通常取额定电压的 80%~90%；

K_{rel}——可靠系数，取 1.2~1.25；

K_f——返回系数，取 1.15~1.25；

I_{fhmax}——线路最大负荷电流，在不影响保护灵敏度的前提下，通常取导

线的允许电流和电流互感器一次额定电流中数值小者。

2. 灵敏度校验

校核线路末端故障的灵敏度及对相邻变压器其他侧故障的远后备灵敏度。

（二）实例计算

1. 动作值

（1）与相邻线路 L4 的相间距离三段配合，助增系数 $K_Z=1$，有

$$Z_{op} = 0.8 \times (7.620 + 1 \times 7 \times 1100/120) \times (120/1100) = 6.27 \ （\Omega）$$

（2）躲过本线路的最大负荷电流，电流互感器一次额定电流 600A，导

线允许电流 515A，取两者中的低值，因此最大允许电流取 515A，则

$$Z_{op} = \frac{0.9 \times 110\ 000}{\sqrt{3} \times 1.2 \times 1.2 \times 515} \times \frac{120}{1100} = 8.4 \ （\Omega）$$

综合以上计算，相间距离三段定值取 5Ω（一次值 45.83Ω）。

2. 动作时间

与乙站、戊站变压器高压侧复合电压闭锁过电流及线路 L4 相间距离三

段时间中的最长时间配合

$$t = 2.9 + 0.3 = 3.2 \ （s）$$

经计算，动作时间取 3.2s。

3. 灵敏度校验

（1）至乙站低压侧灵敏度，最大测量阻抗一次值 49.9Ω，则

$$K_{sen} = \frac{45.83}{49.9} = 0.92$$

（2）至戊站低压侧灵敏度，最大测量阻抗一次值 61.0Ω，则

$$K_{sen} = \frac{45.83}{61.0} = 0.75$$

通过计算结果可以看出，该保护无法做乙站、戊站变压器的远后备保护。

4. 说明

本段保护无法做所带变压器的远后备，但是乙站、戊站的变压器保护配置齐全，满足主保护、后备保护完全独立的配置要求，为保证与乙站线路 L4 的保护配合，本段保护可以不做变压器的远后备。

五、接地距离一段

（一）整定原则

1. 动作值

（1）躲线路末端故障

$$Z_{op} = K_{rel} \, Z_l \, n_{TA} / n_{TV}$$

式中　　K_{rel}——可靠系数，取 0.7。

（2）躲变压器其他侧母线

$$Z_{op} = K_{rel} \, Z'_T \, n_{TA} / n_{TV}$$

式中　　K_{rel}——可靠系数，取 0.7～0.8；

　　　　Z'_T——至相邻变压器其他侧等值正序阻抗。

2. 动作时间

动作时间取 0s。

（二）实例计算

1. 动作值

（1）躲线路末端故障（即躲乙站 110kV 母线故障）

$$Z_{op}=0.7\times7.620\times120/1100=0.58（\Omega）$$

（2）躲戊站 10kV 母线故障，最小测量阻抗一次值 19.1Ω（两台变压器并列运行）

$$Z_{op}=0.7\times19.1\times120/1100=1.46（\Omega）$$

综合上述计算，接地距离一段定值取 0.5Ω（一次值 4.58Ω）。

2. 动作时间

动作时间取 0s。

六、接地距离二段

（一）整定原则

1. 动作值

（1）与相邻线路保护配合

$$Z_{op}=K_{rel}(Z_1+K_Z Z_{set}\ n'_{TV}/n'_{TA})n_{TA}/n_{TV}$$

式中　　K_{rel}——可靠系数，取 0.7～0.8；

　　　　Z_{set}——相邻线路被配合段定值；

　　　　n'_{TA}——被配合保护的电流互感器变比；

　　　　n'_{TV}——被配合保护的电压互感器变比。

（2）躲变压器其他侧母线，带多台变压器时应分别计算，即

$$Z_{op}=K_{rel}\ Z'_T\ n_{TA}/n_{TV}$$

式中　　K_{rel}——可靠系数，取 0.7～0.8。

2. 动作时间

与配合段的动作时间配合。

3. 灵敏度校验

要求线路末端故障灵敏系数不小于 1.5

$$K_{sen}=\frac{Z_{op}}{Z_1}$$

（二）实例计算

1. 动作值

（1）按线路末端故障有 1.5 灵敏系数计算

$$Z_{op} = 1.5 \times 7.620 \times (120/1100) = 1.25 \ (\Omega)$$

（2）与相邻线路 L4 保护接地距离一段配合，助增系数 $K_Z = 1$

$$Z_{op} = 0.7 \times (7.620 + 1 \times 1.5 \times 1100/120) \times (120/1100) = 1.64 \ (\Omega)$$

（3）躲乙站 35kV 母线故障。乙站两台变压器并列运行，最小测量阻抗一次值 19.3Ω

$$Z_{op} = 0.7 \times 19.3 \times 120/1100 = 1.47 \ (\Omega)$$

（4）躲戊站 10kV 母线故障。戊站两台变压器并列运行，最小测量阻抗一次值 19.1Ω

$$Z_{op} = 0.7 \times 19.1 \times 120/1100 = 1.46 \ (\Omega)$$

综合上述计算，接地距离二段定值取 1.3Ω（一次值 11.92Ω）。

2. 动作时间

与乙站 QF12 开关接地距离一段时间配合

$$t = 0 + 0.4 = 0.4 \ (s)$$

经计算，动作时间取 0.4s。

3. 灵敏度校验

线路末端故障

$$K_{sen} = \frac{11.92}{7.620} = 1.56 > 1.5$$

灵敏度满足要求。

七、接地距离三段

（一）整定原则

（1）与相邻线路保护配合：同接地距离二段。

（2）躲最大负荷电流

$$Z_{op} = \frac{U}{\sqrt{3} \times K_{rel} K_f I_{fhmax}} \times \frac{n_{TA}}{n_{TV}}$$

式中　U——最低允许运行电压，通常取额定电压的 80%～90%；

　　　K_{rel}——可靠系数，取 1.35～1.45；

K_f ——返回系数，取 1.15～1.25；

I_{fhmax} ——线路最大负荷电流，在不影响保护灵敏度的前提下，通常取导线的允许电流和电流互感器一次额定电流中数值小者。

（3）灵敏度校验。校核线末故障的灵敏度及对相邻变压器其他侧故障的远后备灵敏度。

（二）实例计算

1. 动作值

（1）与相邻线路 L4 的接地距离三段配合，$K_z=1$，有

$$Z_{op}=0.7\times\left(7.620+1\times6.5\times\frac{1100}{120}\right)\times\frac{120}{1100}=5.13（\Omega）$$

（2）躲最大负荷电流 $I_{fhmax}=515A$

$$Z_{op}=\frac{0.9\times110\,000}{\sqrt{3}\times1.4\times1.25\times515}\times\frac{120}{1100}=7.2（\Omega）$$

综合上述计算，相间距离三段定值取 4.5Ω（一次值 41.25Ω）。

2. 动作时间

与乙站、戊站变压器高压侧复合电压闭锁过电流及线路 L4 接地距离三段时间中的最长时间配合

$$t=2.9+0.3=3.2（s）$$

经计算，动作时间取 3.2s。

八、零序电流一段

（一）整定原则

1. 动作值

躲线路末端故障

$$I_{0op}=K_{rel}3I_{0kmax}$$

式中　K_{rel} ——可靠系数，取 1.3～1.5；

I_{0kmax} ——线路末端故障最大零序电流。

2. 动作时间

动作时间取 0s。

（二）实例计算

1. 动作值

躲线路末端故障（即躲乙站 110kV 母线），最大零序电流 1270A

$$I_{0op}=1.3\times3\times1270/120=41.28（A）$$

经计算，零序电流一段定值取 45A（一次值 5400A）。

2. 动作时间

动作时间取 0s。

九、零序电流二段

（一）整定原则

1. 动作值

（1）与相邻线路配合

$$I_{0op}=K_{rel}\,K_{0fz}\,I_{0set}$$

式中　K_{rel} ——可靠系数，取 $K_{rel}\geqslant1.1$；

　　　K_{0fz} ——零序分支系数；

　　　I_{0set} ——被配合段零序电流定值。

（2）本段动作时间等于或小于变压器其他侧故障的切除时间时，应躲过所带变压器其他侧故障产生的最大不平衡电流

$$I_{op}=K_{rel}\,K_{ap}\,K_{cc}\,K_{er}\,I_{kmax}$$

式中　K_{rel} ——可靠系数，取 1.3～1.5；

　　　K_{ap} ——非周期分量系数，保护动作时间在 0.1s 以内时取 2，在 0.3s

　　　　　　以内时取 1.5，在 0.3s 以上时取 1；

　　　K_{cc} ——电流互感器的同型系数，取1.0；

　　　K_{er} ——电流互感器的比误差，取0.1；

　　　I_{kmax} ——变压器其他侧故障时，流过被整定保护的最大电流。

2. 动作时间

与配合段的动作时间配合。

3. 灵敏度校验

要求线路末端灵敏系数不小于 1.5

$$K_{\text{sen}} = \frac{3I_{0k\min}}{I_{0op}}$$

式中　$I_{0k\min}$——线路末端最小零序电流。

（二）实例计算

1. 动作值

（1）与乙站线路 L4 零序电流一段配合，分支系数 $K_{0fz}=1$

$$I_{0op}=1.15×1×5×120/120=5.75（A）$$

（2）躲乙站 35kV 母线短路的最大不平衡电流，乙站 35kV 母线短路流经本保护的最大短路电流 2465A

$$I_{op}=1.3×0.3×1.0×0.1×2465/120=2.67A$$

经计算，零序电流二段定值取 6A（一次值 720A）。

2. 动作时间

动作时间取 0.4s。

3. 灵敏度校验

校验线路末端故障灵敏度，最小零序电流 743A

$$K_{\text{sen}} =3×743/(6×120)=3.10＞1.5$$

十、零序电流三段

（一）整定原则

同零序电流二段。

（二）实例计算

1. 动作值

与乙站线路 L4 零序电流二段配合，分支系数 $K_{0fz}=1$

$$I_{0op}=1.15×2.2×120/120=2.53（A）$$

经计算，零序电流三段定值取 3A（一次值 360A）。

2. 动作时间

动作时间取 0.8s。

十一、零序电流四段

（一）整定原则

同零序电流二段。

（二）实例计算

1. 动作值

与乙站线路 L4 零序电流三段配合，分支系数 $K_{0fz}=1$

$$I_{0op}=1.15×2.0×120/120=2.3（A）$$

经计算，零序电流四段定值取 2.5A（一次值 300A）。

2. 动作时间

因本段定值躲不过乙站 35kV 母线短路流经本保护的最大不平衡电流，所以本段的动作时间应大于乙站主变压器 35kV 侧限时速断保护跳 35kV 侧开关的动作时间 1.5s，动作时间取 1.8s。

3. 说明

（1）因丙站一台变压器中性点正常直接接地，线路背后故障时，线路上有零序电流流过，因此，四段零序电流保护需要经方向元件闭锁，方向指向线路故障点。

（2）为保证经高阻接地，保护能够可靠动作，零序最末一段定值不大于 300A。

十二、辅助保护计算

本部分只进行电压回路断线过电流保护计算，其他辅助定值可以参考说明书。

1. 动作值

躲过最大负荷电流

$$I_{op}=1.5×515/120=6.44（A）$$

取 7.5A（一次值 900A）。

2. 动作时间

同相间距离二段时间 0.7s。

3. 校验线路末端故障灵敏度

小运行方式下线路末端两相短路最小短路电流3053A，有

$$K_{sen} = \frac{I_{kmin}}{I_{op}} = \frac{3053}{900} = 3.93$$

4. 说明

电压回路断线过电流保护在电压回路断线，距离保护退出时自动投入，这种情况下主要考虑保护能够切除故障，不必过于强调选择性，因此仅仅是动作时间与相间距离二段时间相同，没有考虑动作值与下级配合。还要注意的是动作值一定要躲过线路的最大负荷电流，防止电压回路断线时该保护误动作。小电源侧保护躲过负荷电流后满足不了灵敏度时，也要躲过负荷电流，待主电源侧跳开后依靠解列保护切除故障。

第四节　220kV 变压器整定计算

以图 5–1 中的 220kV 甲站 1 号变压器为例。

一、变压器参数

型号：SFPS7–120/220，三相；

容量比：100/100/50；

额定电压：230±2×2.5%/121/37kV；

额定电流：301.2/572.6/936.2A。

二、变压器纵联差动保护

由于各厂家的差动保护特性差别较大，应根据具体装置的要求进行整定。常规折线型比率差动的整定参见第二节。

三、变压器高压侧后备保护

（一）TA 变比

相间保护 TA 变比为 600/5；接地保护 TA 变比为 400/5。

（二）已知条件

（1）甲站 220kV 出线距离三段最长时间 2.5s。

（2）甲站 220kV 出线 1 零序保护定值。

1）零序电流二段，1600/5、3.3A、1.0s；

2）零序电流三段，1600/5、0.9A、3.0s。

（3）甲站 220kV 出线 2 零序保护定值。

零序电流二段，1600/5、1.4A、3.0s；

零序电流三段，1600/5、0.9A、5.0s。

（三）复合电压方向过电流

1. 方向指向

指向 220kV 母线。本段保护做 220kV 母线故障的后备保护，对于降压变压器，主要解决母线故障，变压器高压侧开关失灵的问题。两台并列运行变压器示意图见图 5-4。

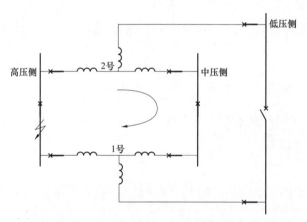

图 5-4　两台并列运行变压器示意图

两台变压器并列运行时（包括仅中压侧或低压侧并列），当高压侧母线发生故障且 1 号变压器高压侧断路器拒动时，本母线其他元件由母差保护 0s 跳开后，故障电流将通过 2 号变压器的中压侧、中压侧母联（分段）断路器流向故障点（低压侧通常分列运行，如并列运行同中压侧），如果中压侧母联（分段）断路器跳开时间短，则中压侧母联（分段）断路器先跳开，两台变压器分列；如果高压侧复压方向过电流时间短，本保护一时限跳 1 号变压器高压侧断路器，二时限动作于总出口跳开 1 号变压器。

2. 复合电压闭锁相间低电压、负序相电压定值

（1）整定原则。同第二节。

（2）实例计算。

1）动作值：相间低电压取80V，负序相电压取4V。

2）灵敏度校验。

a. 相间低电压。甲站110kV母线三相短路，220kV母线最高残压90.92V

$$K_{sen}=\frac{80}{90.92}=0.88<1.5$$

甲站35kV母线三相短路，220kV母线最高残压95.43V

$$K_{sen}=\frac{80}{95.43}=0.84<1.5$$

b. 负序相电压。甲站110kV母线两相短路，220kV母线最低负序相电压2.62V

$$K_{sen}=\frac{2.62}{4}=0.66<1.5$$

甲站35kV母线两相短路，220kV母线最低负序相电压1.32V

$$K_{sen}=\frac{1.32}{4}=0.33<1.5$$

灵敏度均不满足要求，因此要求经中、低压侧低电压、负序电压元件开放。

3. 过电流元件定值

（1）整定原则。

1）动作值：同第二节。

2）灵敏度校验。应保证本侧母线故障达1.3倍以上的灵敏度，对于降压变压器，重点应校验母线故障本侧断路器失灵时的灵敏度。

（2）实例计算。

1）动作值。躲最大负荷

$$I_{op}=1.5\times301.2/120=3.773（A）$$

经计算，过电流元件定值取 3.8 A（一次值 456 A）。

2）灵敏度校验。母线故障本侧断路器失灵时，最小三相短路电流 780A

$$K_{sen} = 780/456 = 1.71 > 1.3$$

灵敏度满足要求。

4. 时间元件定值

（1）整定原则。与 220kV 出线距离三段最长时间配合，一时限跳本侧断路器，二时限跳主变压器各侧断路器。

（2）实例计算。与 220kV 线路出线距离三段最长时间配合

$$t = 2.5 + 0.5 = 3.0（s）$$

复合电压方向过电流一时限 3.0s 跳 QF1 断路器，二时限 3.5s 跳 1 号变压器各侧断路器。

（3）说明：本保护不跳 220kV 母联（分段）断路器，是因为本保护与 220kV 出线距离三段配合，动作时间通常远长于对侧 220kV 线路有灵敏度段动作时间，对侧断路器已跳开，再跳母联（分段）断路器无意义，为减少联跳回路，不跳 220kV 母联（分段）断路器。

（四）复合电压闭锁过电流

1. 复合电压闭锁相间低电压、负序相电压定值

同复压方向过电流。

2. 过电流元件定值

（1）整定原则。

1）动作电流：同第二节。

2）灵敏度校验：本段为总后备，应对各侧母线故障均有灵敏度。

（2）实例计算。

1）动作电流：同复压方向过电流定值，3.8A（一次值 456A）。

2）灵敏度校验。

小运行方式下甲站 110kV 母线三相短路，最小短路电流 1802A

$$K_{sen} = 0.866 \times 1802/456 = 3.42 > 1.3$$

小运行方式下甲站 35kV 母线三相短路，最小短路电流 691A

$$K_{sen} = 0.866 \times 691/456 = 1.31 > 1.3$$

灵敏度满足要求。

3. 时间元件定值

（1）整定原则。本段为总后备，时间比高中侧复压方向过电流、低压侧复压闭锁过电流最长时间长 0.5s。

（2）实例计算。高压侧复压方向过电流跳各侧断路器时间 3.5s，中压侧复压方向过电流跳本侧时间 3.8s（中压侧后备保护计算结果，这里直接调用），低压侧过电流跳各侧断路器时间为 2.3s。

$$t = 3.8 + 0.5 = 4.3 \ (s)$$

4.0s 跳 1 号变压器各侧断路器。

（五）零序电流一段

1. 方向指向

指向 220kV 母线。本段保护作为 220kV 母线故障的后备保护。

2. TA 的选用

为保证方向的正确性，方向元件用自产零序，为保证 TA 断线时保护不误动，数值元件用外接中性点零序。

3. 动作电流

与 220kV 出线的零序电流保护一段或二段或接地距离二段配合。应首选与零序电流保护配合。但 220kV 线路的零序电流保护通常作为接地距离的补充，主要按满足高电阻接地故障有灵敏度考虑，因此动作时间可能较长。当零序电流保护动作时间较长时，可以考虑与接地距离二段配合，但是应满足灵敏度要求。

4. 整定原则

（1）动作值。与 220kV 出线保护配合

$$I_{0op} = K_{rel} \ K_{0fz} \ I_{0set}$$

式中　　K_{rel}——可靠系数，取 $K_{rel} \geqslant 1.1$。

（2）灵敏度校验。要求 220kV 母线故障时灵敏系数不小于 1.5

$$K_{sen} = \frac{I_{0kmin}}{I_{0op}}$$

式中　I_{0kmin}——220kV 母线金属性接地短路时流过保护的最小零序电流。

（3）动作时间。与配合段的时间配合，一时限跳本侧断路器，二时限跳变压器各侧断路器。

5. 实例计算

（1）动作电流。

1）按 220kV 母线故障灵敏度足够，小运行方式下 220kV 母线故障最小零序电流 768A

$$I_{0op} = 3 \times 768/(1.5 \times 80) = 19.2（A）$$

2）与 220kV 出线 1 零序电流二段配合，最大分值系数 $K_{0fz} = 1.044$

$$I_{0op} = 1.15 \times 1.044 \times 3.3 \times 320/80 = 15.85（A）$$

3）与 220kV 出线 2 零序电流二段配合。出线 2 动作时间较长，考虑与其接地距离二段配合。因为接地距离二段对线路末端故障有灵敏度，因此只要保证躲出线 2 线路末端故障即可保证灵敏度的配合。

大运行方式下出线 2 线末故障最大零序电流 691A

$$I_{0op} = 1.35 \times 3 \times 691/80 = 34.99（A）$$

从计算结果可以看出，不满足灵敏度要求，仍按与出线 2 的零序电流二段配合计算。

最大分值系数 $K_{0fz} = 1.04$

$$I_{0op} = 1.15 \times 1.04 \times 1.4 \times 320/80 = 6.70A$$

综合以上计算，零序电流一段定值取 16A（一次值 1280A）。

（2）动作时间。与配合段的时间配合

$$t = 3 + 0.5 = 3.5（s）$$

零序电流一段一时限 3.5s 跳 QF1，二时限 4.0s 跳 1 号变压器各侧断路器。

（六）零序电流二段

1. 方向指向

同零序电流一段。

2. TA 的选用

同零序电流一段。

3. 动作电流

与 220kV 出线的零序电流保护三段或四段配合。一时限跳本侧断路器，二时限跳主变压器各侧断路器（为缩短动作时间，可不设二时限，由零序过电流保护跳变压器各侧断路器）。

4. 整定原则

同零序电流一段。

5. 实例计算

（1）动作值。

1）按 220kV 母线故障灵敏度足够，小运行方式下 220kV 母线故障最小零序电流 768A

$$I_{0op} = 3 \times 768.45 / (1.5 \times 80) = 19.2 \text{（A）}$$

2）与 220kV 出线 1 零序电流三段配合，最大分值系数 $K_{0fz} = 1.044$

$$I_{0op} = 1.15 \times 1.044 \times 0.9 \times 320/80 = 4.32$$

3）与 220kV 出线 2 零序电流三段配合，最大分值系数 $K_{0fz} = 1.04$

$$I_{0op} = 1.15 \times 1.04 \times 0.9 \times 320/80 = 4.32 \text{（A）}$$

综合以上计算，零序电流二段取 5A（一次值 400A）。

（2）动作时间。与配合段的时间配合

$$t = 5.0 + 0.5 = 5.5 \text{（s）}$$

零序电流二段时间 5.5s 跳 QF1。

（七）零序电流三段

1. 动作电流

本段不经方向，为总后备，既要与 220kV 出线的零序电流保护末段配合，还要与变压器 110kV 侧零序方向电流保护配合。

2. 整定原则

（1）动作值。

1）与 220kV 出线保护配合

$$I_{0op} = K_{rel} \, K_{0fz} \, I_{0set}$$

式中 K_{rel} ——可靠系数，取 $K_{rel} \geqslant 1.1$；

$\quad\quad I_{0set}$ ——被配合段零序电流定值，此处指被配合的 220kV 线路零序电流定值。

2）与变压器 110kV 侧零序方向过电流配合

$$I_{0op} = K_{rel} \, K_{0fz} \, I_{0set}$$

式中 K_{rel} ——可靠系数，取 $K_{rel} \geqslant 1.1$；

$\quad\quad I_{0set}$ ——被配合段零序电流定值，此处指被配合的 110kV 线路零序电流定值，应折算到计算侧。

（2）灵敏度校验。要求 220kV 或 110kV 母线故障时，灵敏系数均不小于 1.5

$$K_{sen} = \frac{I_{0kmin}}{I_{0op}}$$

式中 I_{0kmin} ——220kV 或 110kV 母线金属性接地短路时流过保护的最小零序电流。

（3）动作时间。与配合段的动作时间配合，跳变压器各侧断路器。

3．实例计算

（1）动作值。

1）按 220kV 母线故障灵敏度足够，小运行方式下 220kV 母线故障最小零序电流 768A

$$I_{0op} = 3 \times 768.45 / (1.5 \times 80) = 19.2 \text{（A）}$$

2）与 220kV 出线 1 零序电流三段配合，最大分值系数 $K_{0fz} = 1.044$

$$I_{0op} = 1.15 \times 1.044 \times 0.9 \times 320 / 80 = 4.32 \text{（A）}$$

3）与 220kV 出线 2 零序电流三段配合，最大分值系数 $K_{0fz} = 1.04$

$$I_{0op} = 1.15 \times 1.04 \times 0.9 \times 320 / 80 = 4.32 \text{（A）}$$

4）与 1 号变压器 110kV 零序电流二段配合，最大分支系数 $K_{0fz} = 0.294$

$$I_{0op} = 1.15 \times 0.294 \times 5 \times 80 \times \frac{110}{220} / 80 = 0.845 \text{（A）}$$

综合以上计算，零序电流二段取 4.5A（一次值 400A）。

（2）动作时间。与配合段的时间配合

$$t=5.5+0.5=6.0（s）$$

零序电流三段动作时间 6.0s，跳 1 号变压器各侧断路器。

（八）间隙过电压

根据 DL/T 559—2018 整定。取 180V，0.5s 跳变压器各侧断路器。

（九）间隙过电流

根据经验，一次电流取 100A

$$I_{0op}=100/80=1.25（A）$$

取 1.2（一次值 96A），0.5s 跳 1 号变压器各侧断路器。

（十）三相不一致保护

按可靠躲过变压器额定负载时的最大不平衡电流整定。通常按 20%的额定电流整定

$$I_{0op}=0.2×472.38/160=0.59（A）$$

取 0.6（一次值 96A），0.5s 跳 QF1。

（十一）闭锁调压

根据 DL/T 572—2010《电力变压器运行规程》的规定，为防止开关在严重过负载或系统短路时进行切换，宜在有载分接开关控制回路中加装电流闭锁装置，其整定值不超过变压器额定电流的 1.5 倍

$$I_{0op}=1.5×472.38/160=4.43（A）$$

取 4.4（一次值 704A），0s 闭锁变压器有载调压。

（十二）过负荷告警

（1）整定原则

$$I_{op}=\frac{K_{rel}}{K_f}×I_{2N}$$

式中 K_{rel}——可靠系数，取 1.05；

K_f——返回系数，取 0.85～0.95，微机型取 0.95。

（2）实例计算，按躲变压器的额定电流

$$I_{op} = (1.05/0.95) \times 472.38/120 = 3.26（A）$$

经计算，过负荷信号电流定值取 3.3A（一次值 396A），7s 发信号。

四、110kV 侧后备保护计算

（一）TA 变比

相间保护 TA 变比为 1200/5，零序保护 TA 变比为 400/5。

（二）已知条件

甲站 110kV 出线 L1、L2 定值，见表 5–4。

表 5–4　　　　　　　　　　线路 L1、L2 保护定值

保护	项目	相间距离		接地距离		零序电流	
		定值（Ω）	时间（s）	定值（Ω）	时间（s）	定值（A）	时间（s）
线路 L1 TA 变比：600/5	一段	0.6	0	0.5	0	45.0	0
	二段	1.4	0.4	1.3	0.4	6.0	0.4
	三段	5.0	3.2	4.5	3.2	3.0	0.8
	四段					2.5	1.2
线路 L2 TA 变比：600/5	一段	1.5	0	1.5	0	10.0	0
	二段	2.5	0.4	2.3	0.4	5.0	0.4
	三段	6.0	2.9	5.0	2.9	2.5	0.8
	四段					2.4	1.2

（三）偏移相间阻抗保护

1. 分析

由于用电流保护作为本侧的限时速断保护时，难以保证灵敏性与选择性兼顾。因此本段保护用作限时速断保护，做本侧母线故障的后备保护。

2. 整定原则

（1）动作值。

1）计算阻抗定值：与本侧出线相间距离保护一段或二段配合

$$Z_{op} = K_{rel}\, K_Z\, Z_{set}\, (n'_{TV}/n'_{TA})\, n_{TA}/n_{TV}$$

式中　K_{rel}——可靠系数，取 0.8～0.85；

　　　Z_{set}——相邻线路被配合段定值。

2）偏移相间电阻、电抗定值：根据计算所得阻抗定值，计算最大灵敏角时的电阻、电抗分量

$$R_{op} = Z_{op} \cos\varphi$$
$$X_{op} = Z_{op} \sin\varphi$$

式中　φ——线路最大灵敏角。

3）偏移度：考虑保护到变压器本侧引线，但不伸出变压器的其他侧，通常按 5%～10%整定。

（2）动作时间：与配合段的时间配合，一时限跳本侧母联（分段）断路器，二时限跳本侧断路器，考虑断路器失灵，三时限跳变压器各侧断路器。

3．实例计算

（1）动作值。

1）计算阻抗定值：因 110kV 线路 L1、L2 是纯负荷线路，与之配合的最小助增系数为 1。因此比较线路 L1、L2 的相间距离定值，取定值小的线路配合计算

$$Z_{op} = 0.8 \times 1 \times 1.4 \times (1100/120) \times 240/1100 = 2.24（\Omega）$$

2）偏移相间电阻、电抗定值。按灵敏角 75° 计算

$$R = 2.24 \times \cos 75° = 0.58（\Omega）$$

偏移相间电阻取 0.5（Ω）

$$X = 2.24 \times \sin 75° = 2.16（\Omega）$$

偏移相间电抗取 1.8Ω。

3）偏移度：考虑保护到变压器本侧引线，但不伸出变压器的其他侧，取 6%。

（2）动作时间。与配合段的时间配合。

$$t = 0.4 + 0.4 = 0.8（s）$$

一时限 0.8s 跳 QF5，二时限 1.2s 跳 QF2，三时限 1.6s 跳 1 号变压器各侧断路器。

（四）复合电压方向过电流

1. 方向指向

指向 110kV 母线。本段保护做 110kV 母线故障的后备保护。

2. 复合电压相间低电压、负序相电压定值

（1）整定原则。同第二节。

（2）实例计算。

1）动作值。相间低电压取 70V，负序相电压取 7V。

2）灵敏度校验。

a. 相间低电压：甲站 110kV 母线三相短路故障时相间电压最低值是 0V，灵敏度足够。

b. 负序相电压：甲站 110kV 母线两相短路，最低负序相电压 30.62V

$$K_{sen}=\frac{30.62}{7}=4.38>1.5$$

灵敏度满足要求。

3. 过电流元件定值

（1）整定原则：同第二节。

（2）实例计算。

1）动作值。躲最大负荷

$$I_{op}=\frac{1.5\times572.6}{240}=3.58（A）$$

经计算，过电流元件定值取 3.6A（一次值 864A）。

2）灵敏度校验。

110kV 母线故障，最小短路电流 3058A

$$K_{sen}=\frac{3058}{864}=3.54>1.5$$

灵敏度满足要求。

4. 时间元件定值

（1）整定原则。与 110kV 出线距离三段保护时间配合，一时限跳本侧分段（母联）断路器，二时限跳本侧断路器，三时限跳变压器各侧断路器。

如果三时限导致复合电压闭锁过电流时限加长，可不设立时限。

（2）实例计算。与 110kV 线路 L1、L2 距离三段保护时间配合

$$t=3.2+0.3=3.5（s）$$

复合电压方向过电流一时限 3.5s 跳 QF5，二时限 3.8s 跳 QF2，设三时限将导致复合电压闭锁过电流时限加长，所以本侧不设立时限。

（五）复合电压闭锁过电流

1. 复合电压闭锁相间低电压、负序相电压定值

同第二节。

2. 过电流元件定值

（1）整定原则。同第二节。

（2）实例计算。

1）动作电流。同复压方向过电流，3.6A（一次值 864A）。

2）灵敏度校验。小运行方式下甲站 110kV 母线故障，最小短路电流 3058A

$$K_{sen}=\frac{3058}{864}=3.54＞1.5$$

小运行方式下甲站 2 号变压器 35kV 侧三相短路，最小短路电流 1816A，则

$$K_{sen}=\frac{0.866\times1816}{864}=1.82＞1.3$$

灵敏度满足要求。

3. 时间元件定值

（1）整定原则：本段为总后备，时间比高中侧复压方向过电流、低压侧复压闭锁过电流最长时间长 0.5s，可以与高压侧复压闭锁过电流取同一时间。

（2）实例计算

$$t=3.8+0.5=4.3（s）$$

4.3s 跳 1 号变压器各侧断路器。

（六）零序电流一段定值

1. 方向指向

指向 110kV 母线。本段保护作为 110kV 母线故障的后备保护。

2. TA 的选用

为保证方向的正确性，方向元件用自产零序，为保证 TA 断线时保护不误动，数值元件用外接中性点零序。

3. 整定原则

（1）动作值：与 110kV 出线的零序电流保护一段或二段或接地距离二段配合

$$I_{0op} = K_{rel} \ K_{0fz} \ I_{0set}$$

式中　　K_{rel}——可靠系数，取 $K_{rel} \geqslant 1.1$；

　　　　K_{0fz}——零序分支系数；

　　　　I_{0set}——被配合段零序电流定值。

（2）灵敏度校验：要求 110kV 母线故障时灵敏系数不小于 1.5

$$K_{sen} = \frac{I_{0kmin}}{I_{0op}}$$

（3）动作时间：与配合段的时间配合，一时限跳本侧分段（母联）断路器，二时限跳本侧断路器，考虑断路器失灵，三时限跳变压器各侧断路器。

4. 实例计算

（1）动作电流。

1）按 110kV 母线故障灵敏度足够，小运行方式下 110kV 母线故障最小零序电流 1598A

$$I_{0op} = 3 \times 1598 / (1.5 \times 80) = 39.95 （A）$$

2）与 110kV 出线零序电流二段配合，最大分支系数 $K_{0fz} = 1$

$$I_{0op} = 1.15 \times 1 \times 6 \times 120 / 80 = 10.35 （A）$$

综合以上计算，零序电流一段定值取 15A（一次值 1800A）。

（2）动作时间：与配合段的时间配合

$$t=0.4+0.4=0.8（s）$$

零序电流一段一时限 0.8s 跳 QF5，二时限 1.2s 跳 QF2，三时限 1.6s 跳 1 号变压器各侧断路器。

（七）零序电流二段定值

1. 方向指向

同零序电流一段。

2. TA 的选用

同零序电流一段。

3. 整定原则

（1）动作值。与 110kV 出线的零序电流保护三段或四段配合

$$I_{0op}=K_{rel}\,K_{0fz}\,I_{0set}$$

式中　　K_{rel}——可靠系数，取 $K_{rel}\geqslant 1.1$。

（2）灵敏度校验：要求 110kV 母线故障时灵敏系数不小于 1.5

$$K_{sen}=\frac{I_{0kmin}}{I_{0op}}$$

（3）动作时间。与配合段的时间配合，一时限跳本侧分段（母联）断路器，二时限跳本侧断路器，考虑断路器失灵，三时限跳变压器各侧断路器。

4. 实例计算

（1）动作值。

1）按 110kV 母线故障灵敏度足够，小运行方式下 110kV 母线故障最小零序电流 1598A。

$$I_{0op}=3\times 1598/(1.5\times 80)=39.95（A）$$

2）与 110kV 出线零序电流三段或四段配合，最大分支系数 $K_{0fz}=1$

$$I_{0op}=1.15\times 1\times 2.5\times 120/80=4.31（A）$$

综合以上计算，零序电流二段取 5A（一次值 400A）。

（2）动作时间。与配合段的时间配合

$$t=1.8+0.4=2.2（s）$$

零序电流二段一时限 2.2s 跳 QF5，二时限 2.6s 跳 QF2，三时限 3.0s 跳 1 号变压器各侧断路器。

（八）零序电流三段

1. 动作电流

本段做总后备，不经方向，既要与 110kV 出线的零序电流保护末段配合，还要与变压器 220kV 侧零序方向电流保护配合。

2. 整定原则

（1）动作值。

1）与 110kV 出线保护配合

$$I_{0op}=K_{rel} K_{0fz} I_{0set}$$

式中 K_{rel}——可靠系数，取 $K_{rel} \geqslant 1.1$；

        K_{0fz}——零序分支系数；

        I_{0set}——被配合段零序电流定值。

2）与变压器 220kV 侧零序方向过电流配合

$$I_{0op}=K_{rel} K_{0fz} I_{0set}$$

式中 K_{rel}——可靠系数，取 $K_{rel} \geqslant 1.1$；

        K_{0fz}——零序分支系数；

        I_{0set}——被配合段零序电流定值，应折算到计算侧。

（2）灵敏度校验。要求 110kV 母线故障时灵敏系数不小于 1.5，对 220kV 母线故障，灵敏度不做要求

$$K_{sen}=\frac{I_{0kmin}}{I_{0op}}$$

（3）动作时间。与配合段的时间配合，跳变压器各侧断路器。

3. 实例计算

（1）动作值。

1）按 110kV 母线故障灵敏度足够，小运行方式下 110kV 母线故障最小

零序电流 1598A

$$I_{0op} = 3 \times 1598/(1.5 \times 80) = 39.95 \text{（A）}$$

2）与 110kV 出线零序电流三段或四段配合，最大分支系数 $K_{0fz}=1$

$$I_{0op} = 1.15 \times 1 \times 2.5 \times 120/80 = 4.31 \text{（A）}$$

3）与 1 号变压器 220kV 零序电流二段配合，最大分支系数 $K_{0fz}=0.654$

$$I_{0op} = 1.15 \times 0.654 \times 5 \times 80 \times \frac{220}{110}/80 = 7.52 \text{（A）}$$

综合以上计算，零序电流三段取 8A（一次值 640A）。

（2）动作时间。与配合段的时间配合

$$t = 5.5 + 0.5 = 6.0 \text{（s）}$$

零序电流三段动作时间 6.0s，跳 1 号变压器各侧断路器。

（九）零序过压

根据 DL/T 584—2017 整定，150V，0.5s 跳变压器各侧断路器。

（十）过负荷告警

（1）整定原则

$$I_{op} = \frac{K_{rel}}{K_f} I_N$$

式中　　K_{rel}——可靠系数，取 1.05；

　　　　K_f——返回系数，取 0.85~0.95，微机型取 0.95。

（2）实例计算。按躲变压器的额定电流

$$I_{op} = （1.05/0.95）\times 858.37/240 = 3.95 \text{（A）}$$

经计算，过负荷信号电流定值取 4.0A（一次值 960A）7s 发信号。

五、35kV 侧后备保护计算

同 110kV 变压器中压侧保护计算。

参 考 文 献

[1] 崔家佩，孟庆炎，等. 电力系统继电保护与安全自动装置整定计算. 北京：水利电力出版社，1993.

[2] 刘万顺. 电力系统故障分析. 2 版. 北京：水利电力出版社，1989.

[3] 马长贵. 继电保护基础. 北京：水利电力出版社，1987.

[4] 李发海，等. 电机学. 2 版. 北京：科学出版社，1991.

[5] 孙成宝. 继电保护. 北京：中国电力出版社，2005.

[6] 国家电力调度通信中心. 电力系统继电保护实用技术问答. 2 版. 北京：中国电力出版社，2000.

[7] 国家电力调度通信中心. 电网调度运行实用技术问答. 2 版. 北京：中国电力出版社，2008.

[8] 国家电力调度通信中心. 国家电网公司继电保护培训教材（上下）. 北京：中国电力出版社，2009.

[9] 成云云，等. 利用循环电流测量变压器差动保护六角图的分析与实践. 供用电，2001，18（1）：34～36.

[10] 成云云，等. 新建成石油化工企业安全供电探讨. 供用电，2009，26（3）：69～71.

[11] 成云云，等. 10kV 配电线路保护定值的整定探讨. 供用电，2009，26（6）：32～34.

[12] 成云云，王玥婷. 双母线断路器失灵保护的应用分析及优化. 供用电，2011，28（3）：49～52.

[13] 成云云，等. 风力发电机组并网运行对电网运行的影响. 供用电，2012，29（3）：10～14.